定期テスト

出る

ナビ

JN017728

中1理科

Gakken

はじめに

中学生のみなさんにとって，年に数回実施される「定期テスト」は，重要な試験ですよね。定期テストの結果は，高校入試にも関係してくるため，多くの人が定期テストで高得点をとることを目指していると思います。

テストでは，さまざまなタイプの問題が出題されますが，その1つに，しっかり覚えて得点につなげるタイプの問題があります。そのようなタイプの問題には，学校の授業の内容から，テストで問われやすい部分と，そうではない部分を整理して頭の中に入れて対策したいところですが，授業を受けながら考えるのは難しいですよね。また，定期テスト前は，多数の教科の勉強をしなければならないので，各教科のテスト勉強の時間は限られてきます。

そこで，短時間で効率的に「テストに出る要点や内容」をつかむために最適な，ポケットサイズの参考書を作りました。この本は，学習内容を整理して理解しながら，覚えるべきポイントを確実に覚えられるように工夫されています。また，付属の赤フィルターがみなさんの暗記と確認をサポートします。

表紙のお守りモチーフには，毎日忙しい中学生のみなさんにお守りのように携えてもらうことで，いつでもどこでも学習をサポートしたい！ という思いを込めています。この本を活用したあなたの努力が成就することを願っています。

出るナビ編集チーム一同

出るナビシリーズの特長

定期テストに出る要点が
ギュッとつまったポケット参考書

　項目ごとの見開き構成で，テストに出る要点や内容をしっかりおさえています。コンパクトサイズなので，テスト期間中の限られた時間での学習や，テスト直前の最終チェックまで，いつでもどこでもテスト勉強ができる，頼れる参考書です。

見やすい紙面と赤フィルターで
いつでもどこでも要点チェック

　シンプルですっきりした紙面で，要点がしっかりつかめます。また，最重要の用語やポイントは，赤フィルターで隠せる仕組みになっているので，手軽に要点が身についているかを確認できます。

こんなときに
出るナビが使える！

持ち運んで，好きなタイミングで勉強しよう！　出るナビは，いつでも頼れるあなたの勉強のお守りです！

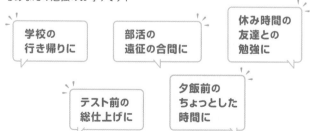

この本の使い方

赤フィルターを
のせると消える!

最重要用語や要点は, 赤フィルターで隠して確認できます。確実に覚えられたかを確かめよう!

出る 特にテストに出やすい項目についています。時間がないときなどは, この項目だけチェックしておこう。

📝 テストの例題チェック
テストで問われやすい内容を, 問題形式で確かめられます。

---

7 種子をつくらない植物

☑ 1│種子をつくらない植物

(1)**シダ植物**…**胞子**でふえ, 根・茎・葉の区別がある。
イヌワラビ, スギナ, ウラジロ, ゼンマイなど。

(2)**コケ植物**…**胞子**でふえ, 根・茎・葉の区別がない。
ゼニゴケ, スギゴケなど。

⚠ ミス注意
胞子でふえるため, 種子植物と異なり花はつけない。
また, 胞子は一般的な種子と比べて非常に小さい。

☑ 2│シダ植物 **出る**

(1)**からだのつくり**…根・茎・葉の区別がある。

(2)**水のとり入れ方**
…根からとり入れる。

(3)**ふえ方**…**胞子**でふえる。

▶多くは**葉の裏**にある胞子のうの中に胞子ができる。

▶胞子は, しめった地面に落ちると発芽して成長する。

葉

葉の裏

胞子のう

茎

根

胞子

▲イヌワラビのからだのつくり

🔍 くわしく
シダ植物の茎は, 地下または地表近くにあるものが多い。

中1理科の特長

◎ 図や表を豊富に使って, わかりやすくまとめてあります。

◎ テスト必出の実験・観察のポイントや, 暗記術,
ミス対策の紹介など, 得点アップの工夫がいっぱい!

テストでは シダ植物とコケ植物のふえ方や，からだのつくりについて問われる。水のとり入れ方も確認しておこう。

☑ **3│コケ植物**

(1)**からだのつくり**
… 根・茎・葉の区別がない。

(2)**水のとり入れ方**
… からだの表面全体からとり入れる。

(3)**ふえ方** … 胞子でふえる。
▶ ゼニゴケやスギゴケは，雌株の胞子のうの中に胞子ができる。

ゼニゴケ
胞子のう
胞子
雌株　仮根　雄株

スギゴケ
胞子のう
仮根
雌株　雄株

ミス注意
コケ植物の根のように見える部分は仮根といい，からだを地面に固定するはたらきがある。水は仮根からではなく，からだの表面全体からとり入れていることに注意する。

📙 テストの例題チェック

① シダ植物やコケ植物は，何をつくってなかまをふやす？ 　[胞子]
② 胞子がつくられるところはどこ？ 　[胞子のう]
③ 根，茎，葉の区別があるのは，シダ植物とコケ植物のどちら？ [シダ植物]
④ コケ植物で，胞子をつくるのは雄株？ 雌株？ 　[雌株]

テストでは

テストで問われやすい内容や，その対策などについてアドバイスしています。

本文をより理解するためのプラスアルファの解説で，得点アップをサポートします。

ミス注意

テストでまちがえやすい内容を解説。

くわしく

本文の内容をより詳しく解説。

暗記術

暗記に役立つゴロなどを紹介。

参考

知っておくと役立つ情報など。

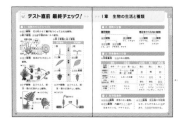

☑ テスト直前 最終チェック！ ┃ 1章 生物の生活と種類

テスト直前
最終チェック！で
テスト直前もバッチリ！

テスト直前の短時間でもパッと見て要点をおさえられるまとめページもあります。

もくじ

4 章 大地の変化

が暗記アプリでも使える！

ページ画像データをダウンロードして，
スマホでも「定期テスト出るナビ」を使ってみよう！

|||||||| 暗記アプリ紹介 & ダウンロード 特設サイト ||||||||

スマホなどで赤フィルター機能が使える便利なアプリを紹介します。下記のURL，または右の二次元コードからサイトにアクセスしよう。自分の気に入ったアプリをダウンロードしてみよう！

Webサイト https://gakken-ep.jp/extra/derunavi_appli/

「ダウンロードはこちら」にアクセスすると，上記のサイトで紹介した赤フィルターアプリで使える，この本のページ画像データがダウンロードできます。使用するアプリに合わせて必要なファイル形式のデータをダウンロードしよう。

※データのダウンロードにはGakkenIDへの登録が必要です。

ページデータダウンロードの手順

① アプリ紹介ページの「ページデータダウンロードはこちら」にアクセス。

② Gakken IDに登録しよう。

③ 登録が完了したら，この本のダウンロードページに進んで，
　下記の『書籍識別ID』と『ダウンロード用PASS』を入力しよう。

④ 認証されたら，自分の使用したいファイル形式のデータを選ぼう！

書籍識別ID testderu_c1s

ダウンロード用PASS zC9xKQqn

〈注 意〉
◎ダウンロードしたデータは，アプリでの使用のみに限ります。第三者への流布，公衆への送信は著作権法上，禁じられています。◎アプリの操作についてのお問い合わせは，各アプリの運営会社へお願いいたします。◎お客様のインターネット環境および携帯端末によりアプリをご利用できない場合や，データをダウンロードできない場合，当社は責任を負いかねます。ご理解，ご了承いただきますよう，お願いいたします。◎サイトアクセス・ダウンロード時の通信料はお客様のご負担になります。

I 身のまわりの生物の観察

☑ 1 いろいろな場所に見られる生物

- ●**環境**…場所により**日当たり**や**しめりけ**などの環境が異なるため，見られる生物がちがう。

  ①**人家のまわり**…スズメ，ムクドリ，ヤモリ，カラス，コウモリなど。

  ②**田んぼや畑，道ばた**…ナズナ，タンポポ，ミツバチ，ベニシジミ<u>チョウの一種</u>など。

  ③**水辺や小川**…ドジョウ，メダカなど。

  ④**石や落ち葉の下**…ミミズ，ダンゴムシ，ヤスデなど。

  ⑤**日かげでしめったところ**…ドクダミ，ゼニゴケなど。

▲ナズナ

▲ダンゴムシ

☑ 2 学校のまわりの生物

(1)**校舎の南側や校庭**

  ①**日当たり**…よい。

  ②**しめりけ**…かわいている。

  ③**生物**…**タンポポ**，ミツバチなど。

(2)**校舎や体育館の北側**

  ①**日当たり**…悪い。

  ②**しめりけ**…**しめっている。**

  ③**生物**…ドクダミ，ヤスデなど。種類はあまり多くない。

▲タンポポ

▲ドクダミ

ダンゴムシ，タンポポ，ドクダミ©学研写真資料

テストでは どんな場所にどんな生物がいるかがよく問われる。日当たりやしめりけなどの環境条件に着目しよう。

☑ 3│水中の小さな生物

(1)よく動く生物

[ミジンコ]　　[ゾウリムシ]　　[アメーバ]　　　[ツボワムシ]

1mm

0.1mm

0.1mm

0.1mm

(2)緑色をしている生物

[ミカヅキモ]　　　[アオミドロ]　　[クンショウモ]

0.1mm

0.1mm

0.1mm

▶すべて淡水中にすむ生物。

参考

淡水中にいるミドリムシは、からだが緑色をしていて、べん毛という毛を使って活発に動く。

0.01mm

── 📝 テ ス ト の 例 題 チ ェ ッ ク ──

① ミツバチ、メダカ、ダンゴムシのうち、石や落ち葉の下で生活している動物はどれ？　　　　　　　　　　　　　　　　　　　　　　　　[ダンゴムシ]
② 一般に、日当たりがよいところに生活しているのは、タンポポとドクダミのどちら？　　　　　　　　　　　　　　　　　　　　　　　　[タンポポ]
③ 一般に、日当たりが悪くしめっているところに見られるのは、ゼニゴケ、ナズナのどちら？　　　　　　　　　　　　　　　　　　　　　[ゼニゴケ]

② 観察器具の使い方

☑ 1 | 顕微鏡の使い方

(1) 観察の手順

① **接眼**レンズ→**対物**レンズの順にレンズをつける。（鏡筒にごみが入るのを防ぐため。）

② **反射鏡**としぼりを調節して視野全体を明るくする。

③ プレパラートをステージにのせる。

④ 横から見ながら調節ねじを回し，プレパラートと対物レンズを**近づける**。

⑤ 接眼レンズをのぞき，プレパラートと対物レンズを**遠ざけ**な（離し）がら，**ピント**を合わせる。

⑥ **しぼり**でさらに明るさを調節する。

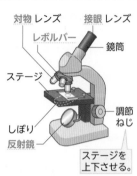

▲ステージ上下式顕微鏡

ステージを上下させる。

(2) 顕微鏡の倍率 … | 接眼レンズの倍率 | × | 対物レンズの倍率 |

(3) 双眼実体顕微鏡

① **特徴** … **立体**的に見える。

② **使い方** … 左右の視野が一つに重なるように鏡筒を調節。→**右目**でのぞきながら，**調節ねじ**（微動ねじ）でピントを合わせる。→**左目**でのぞきながら，**視度**調節リングを調節してピントを合わせる。

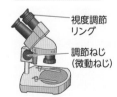

▲双眼実体顕微鏡

視度調節リング

調節ねじ（微動ねじ）

テストでは 顕微鏡の使い方の手順や各部の名称がよく問われる。ルーペの正しい使い方やスケッチのしかたもおさえておこう。

☑ 2│ルーペの使い方

(1) **持ち方** … レンズと目が平行になるようにして，**ルーペをできるだけ目に近づける。**

(2) **動かし方** … **観察するもの**を前後に動かして，ピントを合わせる。

▶ 観察するものが動かせないときは，自分の顔を動かす。

▲ルーペの使い方

(3) **スケッチのしかた** … スケッチは細い線ではっきりかき，**影をつけたり，線を重ねたりしない。**
スケッチしたときの**日時，天気，気温，生物名**なども記録しておく。

よい例	悪い例

5月20日晴れ
がくは
5つに
さけて
いる。
エンドウの花

エンドウ

✎ テストの例題チェック

① 顕微鏡で観察するとき，接眼レンズと対物レンズのどちらを先につける？
[接眼レンズ]

② 顕微鏡のピントを合わせるとき，プレパラートと対物レンズを近づける？遠ざける？
[遠ざける]

③ 接眼レンズが15倍，対物レンズが10倍の顕微鏡の倍率は何倍？ [150倍]

④ 手に持った観察対象をルーペで観察するとき，観察対象と自分の顔のどちらを動かしてピントを合わせる？
[観察対象]

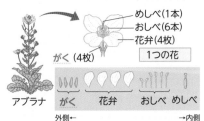

3　花のつくり

☑ 1 ｜アブラナの花のつくり

(1) **花のつくり** … 1つの花には，外側から順にがく，**花弁**，**おしべ**，
めしべがある。
└ 花びら

(2) **めしべ** … 花の中心
にある。

(3) **花弁** … 4枚が十字
形についている。

(4) 似た花をもつ植物
…ナズナ，ダイコン。

アブラナ

めしべ(1本)
おしべ(6本)
花弁(4枚)
がく (4枚)

1つの花

がく　花弁　おしべ　めしべ

外側←　　　　　　　　→内側

☑ 2 ｜ツツジの花のつくり

(1) **花のつくり** … めしべ，**おしべ**，花弁，がくがあることは，アブラ
ナと同じ。

(2) **花弁** … もとの方
はくっついている
が，先の方は分か
れている。

(3) 似た花をもつ植
物 … アサガオ。

▲ ツツジ　©学研写真資料

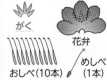

がく

花弁

おしべ(10本)　めしべ
　　　　　　　　(1本)

❖ くわしく

離弁花・合弁花 … アブラナは花弁が分かれているが，ツツジはくっついて
1枚のように見える。**花弁が分かれている花を離弁花**，くっついている花
を**合弁花**という。

14

☑ 3 タンポポの花のつくり

(1) **花の特徴**… 1 つの花のように見える部分は，たくさんの花の

集まり。

(2) **花弁**… 1 つの花の花弁は **5 枚が合わさったもの**。

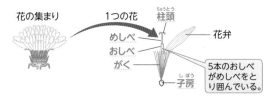

(3) **似た花をもつ植物**…キク，ヒマワリ。

☘ 参考

花をつくる要素の一部がないものもある。イネやムギ，ドクダミの花には花弁もがくもない。（このような花を不完全花という。）

📝 テストの例題チェック

① めしべ，おしべ，花弁，がくの中で，ふつう，花のいちばん外側にあるものはどれ？　　　　　　　[がく]

② 右の図で，A は何？　　　　　[めしべ（柱頭）]

③ アブラナの花弁はくっついている？　分かれている？
　　　　　　　　　　　　　　　　[分かれている]

④ ツツジの花弁のもとの方はくっついている？　分かれている？　　　　　　　　　　[くっついている]

⑤ タンポポの茎の先端にあるのは，1 つの花？　たくさんの花の集まり？

　　　　　　　　　　　[たくさんの花の集まり]

アブラナの花

4 花と果実

✓ 1 被子植物の花のつくり

(1) 柱頭…めしべの先の部分。

(2) 子房…めしべの下部のふく
らんだ部分。

(3) 胚珠…子房の中にある小さ
な粒。将来，種子になる部分。

(4) やく…おしべの先にある袋。
中には花粉が入っている。

(5) 花粉…おしべのやくでつくられる。

(6) 被子植物…胚珠が子房の中にある植物。

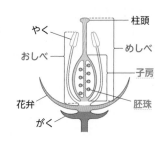

✓ 2 裸子植物の花のつくり

(1) マツの花のつくり…
花弁やがく，子房がな
い。

(2) マツの雌花…りん片
に，むき出しの胚珠が
ついている。

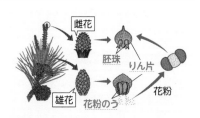

(3) マツの雄花…りん片に花粉のうがあり，花粉がつくられる。

(4) 裸子植物…子房がなく，胚珠がむき出しになっている植物。
マツ，イチョウ，スギ，ソテツなど。

テストでは 受粉の意味と受粉後に何が種子や果実になるのかを問う問題は必出。被子植物と裸子植物のちがいもしっかりおさえておこう。

☑ 3 | 果実のでき方

(1) **受粉**…おしべのやくから出た**花粉がめしべの柱頭につくこと。**

(2) **果実**…めしべの**子房**が変化してできる。

(3) **種子**…子房の中の**胚珠**が変化してできる。

(4) **種子植物**…花が咲いて，**種子をつくる**植物。**被子**植物と裸子植物に分けられる。

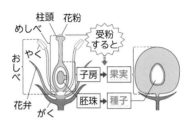

(5) **虫媒花**…**虫**によって花粉が運ばれる花。アブラナなど。
風媒花…**風**によって花粉が運ばれる花。イネ，マツなど。

暗記術

果実のでき方
→志望校に実力で入ったね
（子房は果実に，胚珠は種子に）

テストの例題チェック

① 右の図でA，Bをそれぞれ何という？
　　　　　　　　　　　[A：子房　B：胚珠]

② 花粉がめしべの柱頭につくことを何という？
　　　　　　　　　　　　　　　　[受粉]

③ ②のあと，A，Bはそれぞれ何になる？
　　　　　　　　　　　[A：果実　B：種子]

5 葉や根のつくり

☑ 1 単子葉類・双子葉類

(1)**単子葉類**…子葉の数が 1 枚の被子植物。

トウモロコシなど。

(2)**双子葉類**…子葉の数が 2 枚の被子植物。

アサガオなど。

▲トウモロコシの子葉
©PIXTA

🔷 くわしく

単子葉類の「単」は「1つ」の意味を表している。
双子葉類の「双」は「2つ」の意味を表している。

▲アサガオの子葉
©PIXTA

☑ 2 葉のつくり

(1)**葉脈**…葉に見られるすじ。水や養分
の通り道。

(2)**単子葉類**…ほぼ平行に並んだ平行脈。
双子葉類…網目状に広がった網状脈。

ツユクサ　ツバキ

平行脈　網状脈

☑ 3 根のつくり

(1)**根のはたらき**…水や水にとけた養分を吸収する。からだを支える。

(2)**根毛**…根の先端近くに生えている細い
毛のような根。

▲ダイコンの根毛　©コーベット

▶土の小さなすきまに入りやすい。

▶土とふれる**表面積が大きく**なり，水や養分を吸収しやすい。

(3) 単子葉類の根

　…ひげ根。

　▶多くの細い根から

　　できている根。

(4) 双子葉類の根

　…主根と側根。

　▶太い根（主根）と

　　そこから出る細い

　　根（側根）からできている。

単子葉類　　　　双子葉類

側根

主根

ひげ根　　　　主根と側根

☑ 4 │ 単子葉類・双子葉類の植物

(1) 単子葉類 … イネ，トウモロコシ，ツユクサ，ススキ，ムギ，ユリ，チューリップなど。

(2) 双子葉類 … アブラナ，タンポポ，ヒマワリ，ホウセンカ，アサガオ，サクラ，ツツジ，エンドウなど。

📝 テ ス ト の 例 題 チ ェ ッ ク

① 根の先端近くの毛のようなものを何という？ [根毛]

② ひげ根をもつのは，タンポポとススキのどちら？ [ススキ]

③ 双子葉類の葉に見られる葉脈を何という？ [網状脈]

④ 単子葉類の葉に見られる葉脈を何という？ [平行脈]

⑤ 次の植物の子葉の数を合計するといくつになる？

　<u>トウモロコシ</u>，<u>アブラナ</u>，<u>ホウセンカ</u>，<u>ツユクサ</u>，<u>イネ</u>　[7つ]
　　　1　　　　　　2　　　　　2　　　　1　　　1

6 種子植物の分類

☑ 1│種子植物の分類

(1) **種子植物**…花が咲き，**種子でなかまをふやす**植物。

(2) **被子植物**…胚珠が**子房の中にある**種子植物。

(3) **裸子植物**…子房がなく，**胚珠がむき出し**の種子植物。

☑ 2│被子植物

(1) **被子植物の分類**…**単子葉類**と**双子葉類**に分けられる。

(2) **単子葉類と双子葉類の比較**

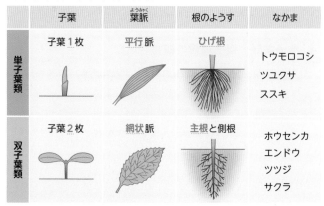

	子葉	葉脈	根のようす	なかま
単子葉類	子葉1枚	平行脈	ひげ根	トウモロコシ ツユクサ ススキ
双子葉類	子葉2枚	網状脈	主根と側根	ホウセンカ エンドウ ツツジ サクラ

☑ 3│合弁花類と離弁花類

○双子葉類は花弁のようすで分類することがある。

①**合弁花類**…花弁が**くっついている**花をつけるなかま。

②**離弁花類**…花弁が1枚1枚**分かれている**花をつけるなかま。

> テストでは 被子植物と裸子植物の花のつくりのちがい，単子葉類と双子葉類のちがいについてよく問われるので，整理しておこう。

☑ 4 | 裸子植物

(1)マツの花のつくり … 胚珠がむき出し。

① 雌花（めばな）… 胚珠がむき出しで，りん片に直接ついている。

② 雄花（おばな）… 花粉（かふん）のうがりん片に直接ついている。

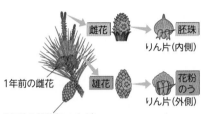

1年前の雌花

2年前の雌花（まつかさ）

雌花 → 胚珠 / りん片（内側）

雄花 → 花粉のう / りん片（外側）

(2)裸子植物のふえ方

… 果実（かじつ）はできず，種子だけができる。

(3)花粉 … 風によって運ばれ，直接胚珠につく（風媒花（ふうばいか））。

▶マツの花粉には，空気袋がついている。

(4)裸子植物のなかま … マツ，スギ，イチョウ，ソテツなど。

空気袋

▲マツの花粉

📝 テストの例題チェック

① 種子をつくる植物のことを何という？ [種子植物]

② 被子植物は，双子葉類と何に分けられる？ [単子葉類]

③ 裸子植物は，何がなく胚珠がむき出しになっている？ [子房]

④ 子葉が2枚で葉脈が網状脈なのは何類？ [双子葉類]

⑤ 単子葉類の根は，主根と側根，ひげ根のどちらか？ [ひげ根]

⑦ 種子をつくらない植物

☑ 1 | 種子をつくらない植物

(1) **シダ植物** … 胞子(ほうし)でふえ，根・茎(くき)・葉の区別が**ある**。

　イヌワラビ，スギナ，ウラジロ，ゼンマイなど。

(2) **コケ植物** … 胞子でふえ，根・茎・葉の区別が**ない**。

　ゼニゴケ，スギゴケなど。

⚠ ミス注意

胞子でふえるため，種子植物(しゅしょくぶつ)と異なり花はつけない。
また，胞子は一般的な種子と比べて非常に小さい。

☑ 2 | シダ植物

(1) **からだのつくり** … 根・茎・葉の区別がある。

(2) **水のとり入れ方**

　… **根**からとり入れる。

(3) **ふえ方** … 胞子でふえる。

　▶ 多くは**葉の裏**にある胞子のうの中に胞子ができる。

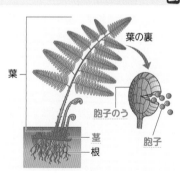

▲ **イヌワラビのからだのつくり**

　▶ 胞子は，しめった地面に落ちると発芽して成長する。

🔍 くわしく

シダ植物の茎は，地下または地表近くにあるものが多い。

テストでは シダ植物とコケ植物のふえ方や，からだのつくりについて問われる。水の
とり入れ方も確認しておこう。

☑ **3 | コケ植物**

(1) からだのつくり

… 根・茎・葉の区別
がない。

(2) 水のとり入れ方

… からだの表面全
体からとり入れる。

(3) ふ え 方 … 胞子でふ
える。

▶ ゼニゴケやスギゴ
ケは，雌株の**胞子
のう**の中に胞子が
できる。

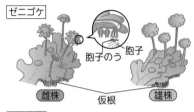

ゼニゴケ

胞子のう　胞子

雌株　　仮根　　雄株

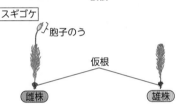

スギゴケ

胞子のう

仮根

雌株　　　　　雄株

🐾 ミス注意

コケ植物の根のように見える部分は**仮根**といい，**からだを地面に固定する**は
たらきがある。水は仮根からではなく，からだの表面全体からとり入れてい
ることに注意する。

📝 テ ス ト の 例 題 チ ェ ッ ク

① シダ植物やコケ植物は，何をつくってなかまをふやす？　　　　　　　[胞子]

② 胞子がつくられるところはどこ？　　　　　　　　　　　　　　　[胞子のう]

③ 根，茎，葉の区別があるのは，シダ植物とコケ植物のどちら？　[シダ植物]

④ コケ植物で，胞子をつくるのは雄株？　雌株？　　　　　　　　　　[雌株]

8 植物の分類

☑ 1 植物の分類

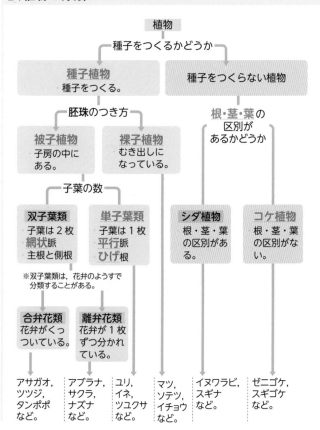

植物

種子をつくるかどうか

種子植物
種子をつくる。

種子をつくらない植物

胚珠のつき方

根・茎・葉の
区別が
あるかどうか

被子植物
・子房の中に
ある。

裸子植物
むき出しに
なっている。

子葉の数

双子葉類
・子葉は2枚
・網状脈
・主根と側根

単子葉類
・子葉は1枚
・平行脈
・ひげ根

シダ植物
根・茎・葉
の区別があ
る。

コケ植物
根・茎・葉
の区別がな
い。

※双子葉類は，花弁のようすで
分類することがある。

合弁花類
花弁がくっ
ついている。

離弁花類
花弁が1枚
ずつ分かれ
ている。

アサガオ，
ツツジ，
タンポポ
など。

アブラナ，
サクラ，
ナズナ
など。

ユリ，
イネ，
ツユクサ
など。

マツ，
ソテツ，
イチョウ
など。

イヌワラビ，
スギナ
など。

ゼニゴケ，
スギゴケ
など。

テストでは 植物の分類は，それぞれのなかまに分類される植物の例もあわせて覚えておこう。

☑ 2 | 植物の分類と分類の観点

次の植物を，それぞれ次の特徴（とくちょう）でグループに分けると…，

アブラナ，サクラ，アサガオ，タンポポ，イネ，ツユクサ，
マツ，イチョウ，イヌワラビ，スギナ，スギゴケ，ゼニゴケ

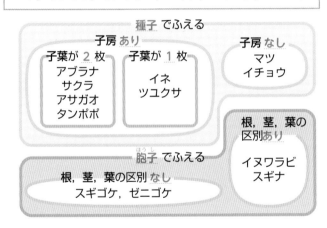

種子 でふえる

子房 あり

子葉が 2 枚
アブラナ
サクラ
アサガオ
タンポポ

子葉が 1 枚
イネ
ツユクサ

子房 なし
マツ
イチョウ

根，茎，葉の区別あり
イヌワラビ
スギナ

胞子（ほうし）でふえる

根，茎，葉の区別 なし
スギゴケ，ゼニゴケ

📝 テストの例題チェック

① アブラナ，イネ，マツのうち，子房がなく胚珠がむき出しの植物はどれ？
[マツ]

② ツユクサとイチョウの共通点はどれ？　　　　　　　　　　　　　[イ]
　ア　果実をつくる。　　イ　種子をつくる。　　ウ　花粉を虫が運ぶ。

③ イヌワラビとスギゴケの共通点はどれ？　　　　　　　　　　　　[ア]
　ア　胞子をつくる。　　イ　根から水を吸収する。　　ウ　花を咲かせる。

⑨ 脊椎動物／魚類・両生類

☑ **1│脊椎動物**

(1) **脊椎動物**（せきついどうぶつ）… **背骨**をもつ動物。

　▶ **魚類**（ぎょるい），**両生類**（りょうせいるい），**は虫類**（ちゅうるい），**鳥類**（ちょうるい），**哺乳類**（ほにゅうるい）の 5 種類。

(2) **からだのつくり**

　①水中で生活 ➡ ひれが多い。　　陸上で生活 ➡ **翼**（つばさ），あし。

　②体表 ➡ **うろこ**，しめった**皮膚**（ひふ），**羽毛**，毛

(3) **呼吸のしかた**

　水中で生活 ➡ 多くは**えら**で呼吸。　　陸上で生活 ➡ **肺**で呼吸。

(4) **子の生まれ方**

　卵生（らんせい）➡ 親が**卵**（らん）を産み，卵から子がかえる。

　胎生（たいせい）➡ 母親の体内である程度育ってから生まれる。

☑ **2│魚類**

(1) 一生を**水中**で生活する。

(2) **運動のしかた** … **ひれ**を使って泳ぐ。

(3) **呼吸のしかた** … **えら**で呼吸する。

(4) **体表** … **うろこ**でおおわれている。

(5) **子の生まれ方** … **卵生**。

　▶ 水中に殻（から）の**ない**卵を産む。体外で**受精**（じゅせい）する。

(6) **卵や子の育ち方** … 水中で育つ。ふつう，**親は子の世話をしない**。

背骨

▲ 魚類（コイ）の骨格

🔷 **くわしく**

骨格 … からだを支える構造のこと。

> **テストでは** からだの表面のようすや呼吸のしかたなど，からだの特徴がよく問われる。
> 具体的な動物の名称とともに覚えておこう。

☑ **3｜両生類**

(1) 子は<u>水中</u>で，成長すると<u>陸上</u>で生活する。

(2) **運動のしかた** … あしを使って泳いだり，
陸上を移動したりする。

(3) **呼吸のしかた** … 子は<u>えら</u>と<u>皮膚</u>，親は<u>肺</u>
と<u>皮膚</u>で呼吸する。

(4) **体表** … <u>しめった皮膚</u>。<u>乾燥</u>に弱い。

背骨

▲ 両生類（カエル）の骨格

▶ 両生類は皮膚での呼吸の割合が大きいので，皮膚が乾くと死
ぬ。そのため，皮膚は常にしめっている。

(5) **子の生まれ方** … <u>卵生</u>。

▶ 水中に殻の<u>ない</u>卵を産む。多くは<u>体外</u>で受精する。

(6) **卵や子の育ち方** … 子は水中で育つ。ふつう，<u>親は子の世話をしない</u>。

✦ 参考

卵や子の世話をしない魚類，両生類は，非常に多くの卵を産む。魚類はふつ
う数千〜数千万個で，マンボウは1億以上といわれる。両生類のトノサマ
ガエルは2000個くらい。

📝 テ ス ト の 例 題 チ ェ ッ ク

① フナの体表は何でおおわれている？ [うろこ]

② カエルの子は何で呼吸している？ [えらと皮膚]

③ カエルの親は何で呼吸している？ [肺と皮膚]

④ メダカの卵には殻がある？　ない？ [ない]

⑤ カエルの卵には殻がある？　ない？ [ない]

⑥ 卵で生まれる生まれ方を何という？ [卵生]

10 は虫類・鳥類・哺乳類

☑ 1 | は虫類

(1) 多くは<u>陸上</u>で生活する。

(2) **運動のしかた** … 多くは**あし**を使って移動。

(3) **呼吸のしかた** … **肺**で呼吸する。

(4) **体表** … かたい<u>うろこ</u>でおおわれている。
   ▶カメは一部が甲羅(こうら)になっている。

(5) **子の生まれ方** … **卵生(らんせい)**。雌の体内で受精(じゅせい)
   が起きたあと、陸上に殻(から)の<u>ある</u>卵(らん)を産む。

(6) **卵や子の育ち方** … 陸上で育つ。ふつう
   親は子の世話をしない。

背骨

トカゲ

体表　　うろこ

ワニ

▲は虫類の骨格・体表

☑ 2 | 鳥類

(1) <u>陸上</u>で生活する。

(2) **運動のしかた** … 前あしが変化した**翼(つばさ)**で
   飛ぶことができるものが多い。

(3) **呼吸のしかた** … **肺**で呼吸する。

(4) **体表** … <u>羽毛</u>でおおわれ、体温を保ちや
   すい。

(5) **子の生まれ方** … **卵生**。雌の体内で受精
   が起きたあと、殻のある卵を陸上に産む。

(6) **卵や子の育ち方** … 子は陸上で育つ。ふつう親は子の世話を<u>する</u>。

背骨

▲鳥類（ハト）の骨格

❖ くわしく

は虫類や鳥類の卵に見られる殻は、卵を乾燥(かんそう)から守る役目をしている。

☑ 3 | 哺乳類

(1) 多くは**陸上**で生活する。

(2) **運動のしかた** … 多くは**あし**を使う。

▶ クジラのなかまは，ひれを使う。

(3) **呼吸のしかた** … **肺**で呼吸する。

背骨

▲ 哺乳類（ネコ）の骨格

(4) **体表** … **毛**でおおわれ，**体温を保ちやすい。**

(5) **子の生まれ方** … **胎生**。

▶ 雌の**体内**で受精したあと，子は**母親の子宮内**で育つ。

(6) **子の育ち方** … 一般に陸上で育つ。ふつう**親は子の世話をし，**

子はしばらくの間，母親の乳を飲んで育つ。

▶ クジラのなかまは水中で育つ。

✦ くわしく

鳥類や哺乳類は親が子の世話をするため，子の多くは親まで成長する。この
ため，産卵数や産子数は他のなかまに比べて少ない。

✎ テストの例題チェック

① 鳥類の子の生まれ方を何という？ [卵生]

② は虫類のからだの表面は何でおおわれている？ [（かたい）うろこ]

③ 鳥類のからだの表面は何でおおわれている？ [羽毛]

④ トカゲの卵には殻がある？ ない？ [ある]

⑤ は虫類と鳥類で，ふつう親が子の世話をするのはどちら？ [鳥類]

⑥ 哺乳類の子の生まれ方を何という？ [胎生]

⑦ クジラの呼吸は，えら，肺のどちらで行う？ [肺]

⑧ 哺乳類の子は，生まれてからしばらくの間，何を飲んで育つ？ [母親の乳]

11 食べ物とからだのつくり，脊椎動物の分類

☑ 1 | 草食動物・肉食動物

(1) **草食動物**…植物を食べて生活する動物。

　肉食動物…他の動物を食べて生活する動物。

(2) **歯の形**

○**草食動物**…**門歯**（前歯）や

　臼歯が発達している。

　▶門歯は草をかみ切ること

　に，臼歯は草を**すりつぶす**

　ことに適している。

▲草食動物　　　　　　▲肉食動物
（シマウマ）　　　　　（ライオン）

○**肉食動物**…**犬歯**と**臼歯**が発

　達している。

　▶するどい**犬歯**は獲物をとらえることに，とがった臼歯は肉

　を切りさくのに適している。

(3) **目のつき方**

○**草食動物**…目は顔の**横**につい

　ている。

　▶後方まで**広い範囲が見える**た

　め，**敵から身を守る**のに適し

　ている。

　　　　　　　　　　　立体的に
　　　　　　　　　　　見える範囲
▲草食動物　　　　　　▲肉食動物
（シマウマ）　　　　　（ライオン）

○**肉食動物**…目は**前向き**についている。

　▶**立体的に見える**範囲が広いので，えものまでの**正確な距離**

　がわかりとらえやすい。

テストでは 草食動物と肉食動物の歯の形，目のつき方のちがいとそれぞれの利点について問われることが多い。

☑ 2 | 脊椎動物の分類

	魚類	両生類	は虫類	鳥類	哺乳類
生活場所	水中	子…水中 親…陸上 （水辺など）	陸上	陸上	陸上
呼吸のしかた	えら	子…えら・皮膚 親…肺・皮膚	肺	肺	肺
体表のようす	うろこ	しめった皮膚	かたいうろこ	羽毛	毛
子の生まれ方	卵生	卵生	卵生	卵生	胎生
なかまの例	メダカ イワシ マグロ コイ フナ	カエル イモリ サンショウウオ	トカゲ ヘビ ヤモリ カメ ワニ	ハト スズメ ペンギン カラス ニワトリ	ライオン シマウマ クジラ イヌ ネコ ヒト

✎ テストの例題チェック

① 植物を食べて生活する動物を何という？ [草食動物]

② シマウマとライオンのどちらが肉食動物？ [ライオン]

③ 犬歯がするどいのは，シマウマとライオンのどちら？ [ライオン]

④ 門歯が発達しているのは，草食動物と肉食動物のどちら？ [草食動物]

⑤ 肉食動物の目のつき方は前向き？ 横向き？ [前向き]

12 無脊椎動物

☑ 1 | 無脊椎動物

(1) **無脊椎動物**…背骨を**もたない**動物。

(2) **節足動物**…からだがかたい殻（**外骨格**）でおおわれ、からだやあしに**節**がある。甲殻類、昆虫類など。

▶外骨格の内側についている**筋肉**でからだを動かす。

①**甲殻類**…からだが**頭胸部・腹部**の2つ、または頭部、胸部、腹部の3つに分かれ、あしは**5対以上**。多くは**えら**で呼吸する。
（— 10本）

　例 エビ、カニ

②**昆虫類**…からだが**頭部・胸部・腹部**の3つに分かれ、胸部にあしが**3対**ある。**気門**から空気をとり入れて呼吸する。

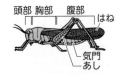
▲トノサマバッタのからだ

　例 バッタ、チョウ

③**その他の節足動物**…クモやムカデのなかまなど。

(3) **軟体動物**…内臓が**外とう膜**で包まれ、**節がない**。**水中**で生活するものが多い。多くは**えら**、マイマイなど**陸上生活**のものは**肺**で呼吸する。

　例 イカ、タコ、アサリなどの二枚貝、マイマイなどの巻き貝

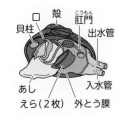
▲アサリのからだ

くわしく

貝のなかまは、外とう膜の外側をおもに炭酸カルシウムでできた殻がおおっている。

テストでは 節足動物のからだのつくりの特徴，特に昆虫類や甲殻類の特徴について問われる。軟体動物のからだの特徴では外とう膜が重要となっている。

☑ 2 無脊椎動物の分類

節足動物	軟体動物
● からだやあしに**節**がある。 ● **外骨格**をもつ。 **昆虫類** ● **気門**から空気をとり入れる。 ● からだは頭部，胸部，腹部の3つに分かれる。 ● あしは胸部に3対（6本）。 例 ハチ，カブトムシ **甲殻類** ● 多くは<u>えら</u>呼吸 例 エビ，カニ，ザリガニ **クモ類** 例 サソリ **ムカデ類**，**ヤスデ類**	● **外とう膜**がある。 ● 多くは<u>えら</u>呼吸。 例 二枚貝（アサリなど），巻き貝（マイマイ，タニシなど），タコ，イカ **その他の無脊椎動物** 例 ミミズ，ヒル，ヒトデ，ウニ，ナマコ，イソギンチャク，クラゲ，カイメン，プラナリア

✎ テ ス ト の 例 題 チ ェ ッ ク

① 背骨のない動物を何という？　　　　　　　　　　　　　　　[無脊椎動物]

② 外骨格をもち，からだやあしに節がある動物のなかまは何動物？　　[節足動物]

③ からだが3つの部分に分かれ，6本のあしをもつ節足動物のなかまを何類という？　　　　　　　　　　　　　　　　　　　　　　　　　[昆虫類]

④ イカ，タコ，アサリなどの動物のなかまを何という？　　　　[軟体動物]

⑤ イカやタコの内臓のある部分をおおっている膜を何という？　[外とう膜]

特集 動物の分類

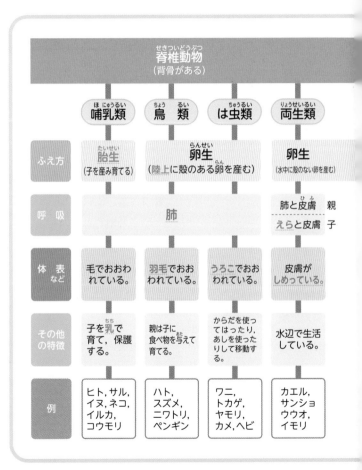

	哺乳類 (ほにゅうるい)	鳥　類 (ちょうるい)	は虫類 (ちゅうるい)	両生類 (りょうせいるい)
ふえ方	胎生 (たいせい) (子を産み育てる)	卵生 (らんせい) (陸上に殻のある卵を産む)		卵生 (水中に殻のない卵を産む)
呼吸	肺			肺と皮膚 (ひふ)　親 えらと皮膚　子
体表 など	毛でおおわれている。	羽毛でおおわれている。	うろこでおおわれている。	皮膚がしめっている。
その他の特徴	子を乳 (ちち) で育て、保護する。	親は子に食べ物を与 (あた) えて育てる。	からだを使ってはったり、あしを使ったりして移動する。	水辺で生活している。
例	ヒト, サル, イヌ, ネコ, イルカ, コウモリ	ハト, スズメ, ニワトリ, ペンギン	ワニ, トカゲ, ヤモリ, カメ, ヘビ	カエル, サンショウウオ, イモリ

脊椎動物 (せきついどうぶつ)
(背骨がある)

テストでは 脊椎動物を分類するときの基準（ふえ方や呼吸のしかた，体表），無脊椎動物では節足動物，軟体動物それぞれのからだのつくりに関する用語を覚えておこう。

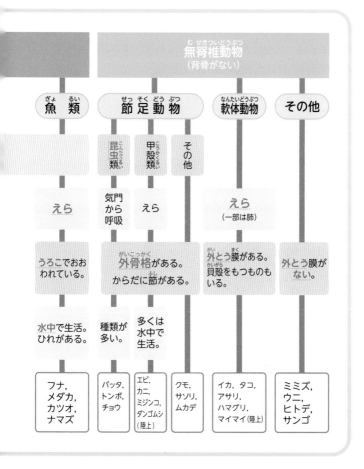

無脊椎動物（むせきついどうぶつ）
（背骨がない）

魚類（ぎょるい）　節足動物（せっそくどうぶつ）　軟体動物（なんたいどうぶつ）　その他

昆虫類（こんちゅうるい）　甲殻類（こうかくるい）　その他

| | えら | 気門から呼吸 | えら | えら（一部は肺） | |

うろこでおおわれている。

外骨格（がいこっかく）がある。からだに節（ふし）がある。

外とう膜（まく）がある。貝殻（かいがら）をもつものもいる。

外とう膜がない。

水中で生活。ひれがある。

種類が多い。

多くは水中で生活。

| フナ，メダカ，カツオ，ナマズ | バッタ，トンボ，チョウ | エビ，カニ，ミジンコ，ダンゴムシ（陸上） | クモ，サソリ，ムカデ | イカ，タコ，アサリ，ハマグリ，マイマイ（陸上） | ミミズ，ウニ，ヒトデ，サンゴ |

✓ 1 植物のからだのつくり

● 種子植物 … 花を咲かせて種子をつくってふえる植物。
● 被子植物 … 胚珠が子房の中にある植物。

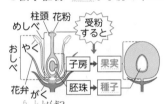

柱頭 花粉
めしべ
受粉すると
おしべ
やく
子房 → 果実
花弁 がく
胚珠 → 種子

● 裸子植物 … 胚珠がむき出しの
植物。

▼マツ

雌花
胚珠
りん片
雄花 花粉のう
花粉

● 単子葉類と双子葉類

	単子葉類	双子葉類
子葉	1枚	2枚
葉脈	平行脈	網状脈
根	ひげ根	主根と側根

● シダ植物 … 胞子でふえ，根・
茎・葉の区別がある植物。

▼イヌワラビ

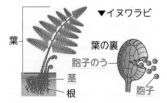

葉
葉の裏
胞子のう
茎
根
胞子

● コケ植物 … 胞子でふえ，根・
茎・葉の区別がない植物。

▼スギゴケ

胞子のう
仮根
雌株   雄株

Ⅰ章　生物の生活と種類

☑ 2 | 植物の分類

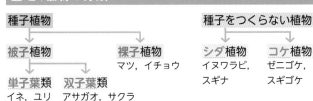

種子植物

被子植物　　　　　裸子植物
　　　　　　　　　マツ, イチョウ

単子葉類　双子葉類
イネ, ユリ　アサガオ, サクラ

種子をつくらない植物

シダ植物　　コケ植物
イヌワラビ,　ゼニゴケ,
スギナ　　　スギゴケ

☑ 3 | 脊椎動物の分類

●**脊椎動物**…背骨のある動物。

	魚類	両生類	は虫類	鳥類	哺乳類
生活場所	水中	子…水中　親…陸上	陸上	陸上	陸上
呼吸のしかた	えら	子…えら・皮膚 親…肺・皮膚	肺	肺	肺
体表のようす	うろこ	しめった皮膚	うろこ	羽毛	毛
子の生まれ方	卵生	卵生	卵生	卵生	胎生
なかまの例	メダカ イワシ	カエル イモリ	トカゲ ヘビ ヤモリ	ハト スズメ ペンギン	ライオン シマウマ クジラ

☑ 4 | 無脊椎動物

●**無脊椎動物**…背骨のない動物。

●**軟体動物**…内臓が**外とう膜**で包まれている。アサリなど。

●**節足動物**…昆虫類や甲殻類など。からだやあしに**節**があり, **外骨格**でおおわれる。

13 実験器具の使い方

☑ 1 | ガスバーナー 出る

(1) **ガス調節ねじ** … 反時計回りに回す
と，炎が**大きく**なる。

(2) **空気調節ねじ** … ねじを回して，
青色の炎にする。

(3) **火のつけ方** … 元栓を開く

→マッチに点火→**ガス**調節ねじ

→**空気**調節ねじ の順。

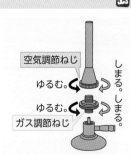

空気調節ねじ

しまる。

ゆるむ。

しまる。

ゆるむ。

ガス調節ねじ

暗記術

ガスバーナーのねじの名称
→**上空**のねじ（上の方のねじが空気調節ねじ）

☑ 2 | 加熱のしかた

(1) **液体の加熱** … 試験管を使うときは，
振りながら加熱する。

(2) **沸騰させるとき** … 試験管ばさみを使い，
突沸を防ぐため，沸騰石を入れる。

(3) **固体の加熱** … 試験管の口の方を**下げて**
固定し，加熱する。

▶加熱により生じた**液体**が**加熱部分に流
れないようにする**ため。

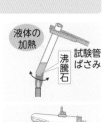

液体の
加熱

試験管
ばさみ

沸騰石

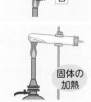

固体の
加熱

くわしく

突沸 … 加熱された液体が急に沸騰する現象。

> テストでは 特によく出るのは，ガスバーナーに点火するときの手順。液体加熱時の沸騰石の役割，固体加熱時の試験管の口の位置もよく問われる。

☑ 3 | 電子てんびん

(1) **使い方** … ①**水平な台の上に置く**。

②表示を**0.00** g にする。

③はかりたいものをのせ，数値を読みとる。

▶薬包紙や容器を使う場合は，それらをのせてから0.00 gにする。

(2) **必要な質量をはかりとる** … 必要な質量になるまで，少量ずつ薬品をのせていく。

☑ 4 | メスシリンダー

(1) **準備** … **水平**な台の上に置く。

(2) **目の位置** … 液面の**真横**から水平に見る。

(3) **読み方** … 液面の最も**低い**位置を，**1 目盛りの $\frac{1}{10}$ まで**，目分量で読む。

62.0 cm³

1目盛りの $\frac{1}{10}$

✎ くわしく

金属などの固体の体積は，水に沈めて**水面の上昇分**を読みとる。

📝 テストの例題チェック

① ガスバーナーに点火するとき，A，Bのどちらを先にゆるめる？

[B]

② 液体を加熱するとき，突沸を防ぐために何を入れる？ [沸騰石]

③ 固体を加熱するとき，試験管の口の方を上げる？ 下げる？

[下げる]

14 物質の区別

1 物体と物質

(1)**物体**…身のまわりにあって，**形のあるもの。**

　例 はさみ，ものさし，コップ

(2)**物質**…物体の**材料・材質。**

　例 アルミニウム，鉄，ガラス，プラスチック

(3)**物質の調べ方**…①**手ざわり**や**におい**を調べる。

　②**電気を通すか**調べる。　　③**磁石につくか**調べる。

　④**水へのとけ方**を調べる。　⑤**質量や体積**をはかる。
　　　　　　　　　　　　　　　└─ p.43, p.78

　⑥**加熱**したときのようすを調べる。　⑦**薬品**を使って調べる。

2 有機物

(1)**有機物**…**炭素**をふくむ物質。

　▶**砂糖**，デンプン，プラスチック，

　　エタノール，ロウ，紙など。

(2)**加熱する**…こげて**炭**になり，さらに

　強く加熱すると燃えて，**二酸化炭素**と

　水ができる。

　▶二酸化炭素の発生は，**石灰水が白く**

　　にごることで確認できる。

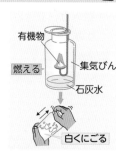

有機物

燃える

集気びん

石灰水

白くにごる

ミス注意

炭素や一酸化炭素は炭素をふくみ，燃えて二酸化炭素を発生するが，**無機物**に分類される。また，炭素をふくむ二酸化炭素も無機物に分類される。

3│無機物

(1) **無機物**…有機物以外の物質。
　▶水，食塩，鉄など。
　　└─ 塩化ナトリウム

(2) **加熱する**…炭にならない。燃えても二酸化炭素を**発生しない**。

食塩　　鉄　　ガラス

アルミニウム　水　　酸素

ミス注意

無機物の食塩を加熱すると，パチパチはねるが，もとの白い粒のままで，炭にならない。スチールウール（鉄）を強く加熱すると燃えるが，二酸化炭素が発生しないので，石灰水は変化しない。

4│白い粉末の区別（食塩，砂糖，デンプン）

(1) **加熱したときのようす**…燃える ➡ デンプン，変化なし ➡ 食塩，茶色になり甘いにおいがして燃える ➡ 砂糖

(2) **水へのとけ方**…とけない ➡ デンプン，とける ➡ 食塩，よくとける ➡ 砂糖

(3) **ヨウ素液の色の変化**…デンプンだけ青紫色に変化する。

📝 テ ス ト の 例 題 チ ェ ッ ク

① 炭素をふくむ物質を何という？　　　　　　　　　　　　　　　　[有機物]

② 有機物を燃やすと，水と何ができる？　　　　　　　　　　　　[二酸化炭素]

③ 有機物以外の物質を何という？　　　　　　　　　　　　　　　　[無機物]

④ プラスチック，食塩，砂糖のうち無機物はどれ？　　　　　　　[食塩]

⑤ 二酸化炭素の発生を調べるための水溶液を何という？　　　　[石灰水]

⑥ 二酸化炭素は有機物？　それとも無機物？　　　　　　　　　　[無機物]

15 金属の性質・物質の密度

☑ 1 | 金属

(1) **金属光沢**…みがくと光る。

(2) たたくとうすく広がり（**展性**），引っ張るとよくのびて針金状になる（**延性**）。

(3) **電気伝導性**…電気をよく通す。

(4) **熱伝導性**…熱をよく伝える。

金属光沢

展性・延性

紙やすり

電気伝導性

熱伝導性

金属製のなべ

ミス注意

磁石につくことは，金属に共通した性質ではない。 鉄は磁石につくが，アルミニウムや銅は磁石につかない。

磁石

☑ 2 | 非金属

(1) **金属以外の物質**…金属に対して**非金属**という。

(2) **金属と非金属の例**

金属	鉄，銅，アルミニウム，亜鉛，鉛，金，銀，白金，ニッケル，チタンなど。
非金属	ガラス，食塩，プラスチック，ゴムなど。

☑ **3 物質の密度**

(1) **質量** … 上皿てんびんや電子てんびんではかる**物質そのものの量**。
　└ p.78

(2) **密度** … 物質 1 cm³ あたりの質量で，物質固有の値。

(3) **密度の単位** … g/cm³

(4) **密度を求める式** … $$密度(g/cm^3) = \frac{質量(g)}{体積(cm^3)}$$

(5) **物質の種類と密度** … 同じ温度では，物質の種類が同じであれば，**密度は同じ**である。

　▶物質の密度は，物質を区別する手がかりになる。

　例 右の表は，おもな金属の密度を表している。

　　いま，ある金属 X の体積と質量をはかったところ，体積は 11.2 cm³，質量は 88.5 g であった。金属 X は何であると推定できる？

金属	1cm³あたりの質量
金	19.3 g
銀	10.5 g
鉄	7.87 g
銅	8.96 g

　　➡ 金属 X の密度は，88.5 g÷11.2 cm³＝7.90…

　　　より，7.90 g/cm³ なので，右の表より鉄と推定できる。

くわしく

密度の公式の変形式　　**質量＝密度×体積　体積＝質量÷密度**

✐ テ ス ト の 例 題 チ ェ ッ ク

① 特有の光沢をもち，電気をよく通す物質を何という？　　　　　[金属]

② 磁石につくことは，金属共通の性質といえる？　　　　　　　[いえない]

③ ガラスや食塩は，金属？　非金属？　　　　　　　　　　　　[非金属]

④ 物質 1 cm³ あたりの質量を何という？　　　　　　　　　　　[密度]

16 気体の性質の調べ方・気体の集め方

☑ 1 気体の調べ方

(1)色

…うしろに白い紙を置く。

例 塩素

（→黄緑色）

(2)におい

…手であおぐようにしてにおいをかぐ。

例 塩化水素，アンモニア

(3)水へのとけやすさ

…気体を集めたペットボトルに水を入れてよく振る。

例 塩化水素，アンモニア

（→よくとける。）

二酸化炭素（→少しとける。）

▶とけるとペットボトルがへこむ。

(4)気体が燃えるか

…マッチの火を近づける。

例 水素 （→音がして燃える。）

(6)水溶液の性質

…水でぬらしたリトマス紙にふれさせる。

例 塩化水素，二酸化炭素

（→酸性）

アンモニア（→アルカリ性）

(5)ものを燃やすか

…火のついた線香を入れる。

線香

例 酸素 （→線香が炎を上げて燃える。）

(7)石灰水の変化

…石灰水を入れて振る。

例 二酸化炭素（→白くにごる。）

水でぬらしたリトマス紙

赤色
→青色で
アルカリ
性

青色
→赤色で
酸性

> **テストでは** 気体を調べる方法のもとになっている，各気体の性質(p.46～49)とあわせて覚えておこう。気体の集め方は，その方法の理由も理解しておこう。

☑ 2 | 気体の集め方 出る

(1) 水上置換法（すいじょうちかんほう）

… 水にとけにくい気体の集め方。

容器の中の**水と置き換えて**集める。

例 **水素，酸素，二酸化炭素**など。

▶**二酸化炭素は水に少ししかとけない**

ので，**水上置換法**でも集められる。

▲ 水上置換法

(2) 上方置換法（じょうほうちかんほう）

… 水に**とけやすく**，空気より**密度が**

小さい気体の集め方。容器の中の

空気と置き換えて集める。

例 **アンモニア**など。

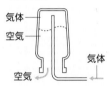

▲ 上方置換法

(3) 下方置換法（かほうちかんほう）

… 水に**とけやすく**，空気より**密度が**

大きい気体の集め方。容器の中の

空気と置き換えて集める。

例 **塩化水素，二酸化炭素**など。

▲ 下方置換法

✎ テ ス ト の 例 題 チ ェ ッ ク

① 石灰水を白くにごらせる気体は何？ [二酸化炭素]

② 火のついた線香を入れると，線香が激しく燃える気体は何？ [酸素]

③ マッチの火を近づけると，音を立てて燃える気体は何？ [水素]

④ アンモニアを集めるのに適した方法は何？ [上方置換法]

⑤ 水素や酸素を集めるのに適した方法は何？ [水上置換法]

17 二酸化炭素と酸素

1 | 二酸化炭素のつくり方

(1) **石灰石**にうすい**塩酸**を加える。

▶ **炭酸水素ナトリウム**に**酢酸**を加えて
もよい。

▶ 石灰石は貝殻, 大理石などでもよい。

うすい塩酸　二酸化炭素

水

石灰石　水上置換法

(2) **集め方** … 水に少ししかとけないので,
水上置換法で集める。

▶ はじめに集めた気体は, 装置の中の**空気**が多く混じっている
ので捨てる。

くわしく

二酸化炭素は空気より密度が大きい(重い)ので, **下方置換法**でも集め
られる。このとき, ガラス管の先は試験管や集気びんの底まで入れる。

2 | 酸素のつくり方

(1) **二酸化マンガン**にうすい**過酸化水素
水**（**オキシドール**）を加える。

▶ **酸素系漂白剤**（主成分は過炭酸ナト
リウム）に**湯**を加えてもよい。

うすい過酸化水素水
（オキシドール）

酸素

水

二酸化
マンガン　水上置換法

(2) **集め方** … 水にとけにくいので,
水上置換法で集める。

参考

二酸化マンガンは, うすい過酸化水素水から酸素が発生するのを速くする。
二酸化マンガン自体は量も性質も変化しない。

> **テストでは** 二酸化炭素と石灰水との反応，酸素の助燃性がよく問われる。発生方法に関する問題も多いので，実験装置をおさえておこう。

☑ 3 | 二酸化炭素と酸素の性質

(1) 二酸化炭素の性質

① 無色・無臭。

空気より密度が**大きい**（重い）。

② 水に**少し**とける。水溶液は酸性。

③ 石灰水を**白く**にごらせる。

④ ものを燃やすはたらきは**ない**。

▶ 火のついたろうそくを二酸化炭素の中に入れると，すぐ火が消える。

二酸化炭素

石灰水
白くにごる。

(2) 酸素の性質

① 無色・無臭。

空気よりやや密度が**大きい**。

② 水にとけ**にくい**。

③ **助燃性** … 他の物質を燃やすはたらきがある。
 └─ 酸素自体は燃えない。

④ 空気の体積の約 $\frac{1}{5}$ を占めている。
 (21%)

火のついた線香

激しく燃える。

酸素

✎ テ ス ト の 例 題 チ ェ ッ ク

① 石灰石にうすい塩酸を加えたとき，発生する気体は何？ 　　[二酸化炭素]

② 二酸化マンガンにオキシドールを加えたとき，発生する気体は何？ 　[酸素]

③ 石灰水に二酸化炭素を通すと，石灰水はどうなる？ 　　[白くにごる]

④ 二酸化炭素を集めるのに適さない方法を１つ選ぶとどれ？ 　　[イ]

　　ア　下方置換法　　イ　上方置換法　　ウ　水上置換法

⑤ 酸素を集めるのに適した方法は，④のア〜ウのどれ？ 　　[ウ]

18 水素，アンモニア，窒素

☑ 1 水素のつくり方

(1)亜鉛にうすい**塩酸**やうすい硫酸
を加える。

　▶マグネシウム，アルミニウム，
　　鉄などでもよい。

(2)**集め方**…**水上置換法**

うすい塩酸
水素
水
亜鉛
水上置換法

🖊 暗記術

水素が燃えると…

　すいすい燃えて水になる。（水素が燃えると，水ができる。）

☑ 2 アンモニアのつくり方

(1)**塩化アンモニウム**と**水酸化カ**
ルシウムの混合物を**加熱**する。

（塩化アンモニウムと水酸化ナトリウムの混合物に水を少量加えてもよい。）

(2)**集め方**…**上方置換法**。

　▶反応中に**水も発生**するので，
　　試験管の口を下に向ける。

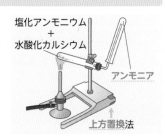

塩化アンモニウム
+
水酸化カルシウム
アンモニア
上方置換法

☑ 3 窒素の性質

①無色・無臭。

②化学的に**安定**…**他の物質と反応しにくい。**

③空気の体積の約 $\frac{4}{5}$（78%）を占める。

テストでは 水素では，つくり方と燃えたときにできる物質がよく問われる。アンモニアでは，水へのとけやすさが必出。

☑ 4│水素とアンモニアの性質

(1)水素の性質

①無色・無臭。

物質中で最も密度（みつど）が小さい（軽い）。

②水にほとんどとけない。

③可燃性（かねんせい）…マッチの火を近づけると，**ポンと音を出して燃える**。燃えると水ができる。

水素 ← マッチの火を近づける ⟹ 燃える。

(2)アンモニアの性質

①無色。

空気より密度が小さい（軽い）。

②刺激臭（しげきしゅう）がある。

③水溶液（すいようえき）はアルカリ性。

④水に非常によくとける。この性質を利用して，右の噴水（ふんすい）ができる。

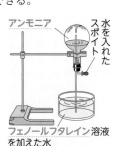

アンモニア　水を入れたスポイト

フェノールフタレイン溶液を加えた水

▲アンモニアの噴水

📝 テ ス ト の 例 題 チ ェ ッ ク

① 亜鉛にうすい塩酸を加えると，発生する気体は？　　　　　　　　　［ 水素 ］

② 試験管の中に水素を集めるとき，水と空気のどちらと置き換（か）えた方がよい？

［ 水 ］

③ アンモニアを発生させるには，水酸化カルシウムと何を混ぜて加熱する？

［ 塩化アンモニウム ］

④ 最も軽い気体は何？　　　　　　　　　　　　　　　　　　　　　［ 水素 ］

⑤ 水素とアンモニアで，刺激臭があるのはどちら？　　　　［ アンモニア ］

19 水溶液の性質・濃度

☑ 1 溶液

(1) **溶液** … ある液体にほかの物質がとけた**液全体**。

(2) **溶質** … 溶液中にとけている物質。溶液の性質を決める。

(3) **溶媒** … 溶質をとかしている液体。
  ▶ 溶媒が水の溶液を，**水溶液**という。

溶媒(水)
溶質(食塩)

溶液
(食塩水)

くわしく

溶液のつくり…溶液・溶質・溶媒の間の質量の関係は，右のようになる。

$$溶液の質量 = 溶質の質量 + 溶媒の質量$$

☑ 2 物質が水にとけるようす

(1) **水にとける** … 物質が**小さな粒**（粒子）になり，水中に**均一**に広がっている。

(2) **とけている状態** … **透明**で液の濃さは均一。時間がたっても，**この状態が続く**。

どの部分の液も濃さは同じ。

透明

くわしく

とけていない状態では，物質の粒が細かく分かれず，にごっている。放置しておくと，大きな粒が沈む。

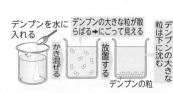

デンプンを水に入れる

かき混ぜる

デンプンの大きな粒が散らばる➡にごって見える

放置する

デンプンの大きな粒は下に沈む

デンプンの粒

3 | 濃度

(1)**濃度**（のうど）… 溶液の濃さのこと。

(2)**質量パーセント濃度**（しつりょう）… 溶質の質量が溶液全体の質量の何%にあたるかで表した濃度。

うすい水溶液　　濃い水溶液

$$質量パーセント濃度〔\%〕 = \frac{溶質の質量〔g〕}{溶液の質量〔g〕} \times 100$$

$$= \frac{溶質の質量〔g〕}{溶質の質量〔g〕+溶媒の質量〔g〕} \times 100$$

ミス注意

例 水 100 g に砂糖 25 g をとかした砂糖水の質量パーセント濃度は何 % ?

➡ 砂糖水全体の質量は，100 g + 25 g = 125 g

砂糖は 25 g なので，質量パーセント濃度 = $\frac{25\,g}{125\,g} \times 100 = 20$

よって，20%　　　　　　　　　　　　　　　　　〈答え〉20%

4 | 純粋な物質と混合物

(1)**純粋な物質（純物質）** … 1 種類の物質からできているもの。

(2)**混合物** … いくつかの物質が混ざり合っているもの。

📝 テ ス ト の 例 題 チ ェ ッ ク

① 溶液にとけている物質のことを何という？　　　　　　　　　　[溶質]

② 溶液で物質をとかしている液体を何という？　　　　　　　　　[溶媒]

③ 物質が水にとけると，水溶液は透明になる？　にごる？　　[透明になる]

④ 質量パーセント濃度が 20% の食塩水 100 g 中の食塩の質量は？　[20 g]

20 物質が水にとける量

☑ 1 溶解度

(1) **溶解度**…一定量の水にとかすことができる物質の**最大量**。水100gにとける物質の**質量**で表し，物質の種類によって**異なる**。

(2) **溶解度曲線**…溶解度と温度の**関係**を表したグラフ。ふつう，温度が高くなるほど，溶解度は**大きくなる**。

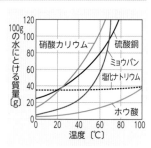

▲いろいろな物質の溶解度曲線

(3) **飽和水溶液**…物質が溶解度までとけている水溶液。

⚠ ミス注意

ろ過のしかた

① 液は**ガラス棒**を伝わらせる。

② ろうとのあしは，とがった方をビーカーの**壁**につける。

ろ紙 ろ液

☑ 2 結晶

(1) **結晶**…いくつかの**平面**で囲まれた，**規則正しい形**の固体。

(2) **結晶の特徴**…形や色は，物質によって**決まっている**。

塩化ナトリウムの結晶　ミョウバンの結晶

⚠ ミス注意

結晶は，物質の種類によって決まった形をしている**純粋**な物質である。

> **テストでは** 再結晶によって，不純物をふくんだ固体から純粋な物質をとり出す手順が
> よく出る。ろ過のしかたも覚えておこう。

☑ 3│再結晶

(1) **再結晶**…固体をいったん水

にとかしたあと，再び**結晶**と

してとり出すこと。
　　└─ 純粋な物質が得られる。

(2) **再結晶の方法**

　① **水溶液を冷やして**とり出

　　す。

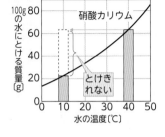

　例 右図のように，温度が

　　低くなると，とけきれ

　　なくなった硝酸カリウムが，結晶として出てくる。

　② **溶媒を蒸発**させてとり出す。

　例 食塩水を加熱して水を蒸発させると，**とけきれなくなっ**
　　た塩化ナトリウムが結晶として出てくる。

　▶ 塩化ナトリウムの結晶は，立方体に近い形をしている。

📝 テストの例題チェック

① ある温度で，一定量の水にとける物質の質量の最大量を何という？

[溶解度]

② 物質がそれ以上とけきれなくなった水溶液を何という？　　[飽和水溶液]

③ いくつかの平面で囲まれている，規則正しい形の固体を何という？　[結晶]

④ 再結晶の方法は，溶媒を蒸発させる方法のほかに，水溶液をどのようにする

　方法がある？
[冷やす]
(冷却する)

⑤ 塩化ナトリウム，ミョウバンのうち，水の温度によるとけ方が大きく変化す

　るのはどちら？
[ミョウバン]

21 物質の状態変化

☑ 1 物質の状態変化

(1) **状態変化**…温度が変わることによって，**物質の状態が**
固体 ↔ 液体 ↔ 気体と変わること。

(2) **状態変化と物質の性質**…状態変化では，その物質のもってい
る**性質は変化しない。**

(3) **状態変化と粒子モデル**…物質をつくる粒子は，状態によって
集まり方や運動のようすが変化する。

(4) 状態変化しても，**粒子の数は変化しない。**

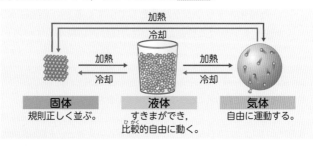

固体	液体	気体
規則正しく並ぶ。	すきまができ，比較的自由に動く。	自由に運動する。

✍ ミス注意

水の場合，水蒸気は気体で目に見えない。**湯気**は，水蒸気が冷えて小さな水
滴（**液体**）になったもの。

☑ 2 状態変化と体積・質量

(1) **固体 ➡ 液体の変化** … ほとんどの物質は，体積が**ふえる。**

▶ 固体のロウが液体になると体積がふえる。

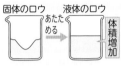

▲ 固体→液体の体積変化（ロウ）

(2) **液体 ➡ 気体の変化** … 体積が大きく**ふえる。**

▶ エタノールを入れた袋をあたためると，袋がふくらむ。

(3) **状態変化と質量** … 状態変化しても，**質量は変化しない。**

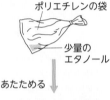

▲ 液体→気体の体積変化（エタノール）

🍃 ミス注意

ほとんどの物質は，固体から液体になるとき体積がふえるが，**水は例外で，体積が減る。**

📝 テ ス ト の 例 題 チ ェ ッ ク

① 物質の 3 つの状態とは何？　　　　　　　　　　　[固体・液体・気体]

② 温度が変わることによって，物質の状態が変わることを何という？

[状態変化]

③ 物質をつくる粒子が規則正しく並ぶとき，物質はどんな状態？　[固体]

④ 物質が状態変化しても変わらないのは，性質と何？　　　　　[質量]

⑤ 氷が水になるとき，体積はどうなる？　　　　　　　　　　[減る]

22 物質の沸点・融点

☑ **1｜純粋な物質の沸点**

(1) **沸点**… 液体が沸騰して気体になるときの温度。

(2) **純粋な物質の沸点**… 沸点は**一定**。**物質の種類により決まっている。**
　▶物質を区別する手がかりになる。

(3) **温度変化のグラフ**… 温度が**沸点**に達すると，グラフは**平ら**になる。

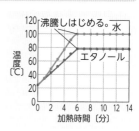

▲物質による沸点のちがい

くわしく

〈純粋な物質の沸点（℃）の例〉（1気圧の場合）

エタノール	78	酸　素	−183
水	100	塩化ナトリウム	1413
ナフタレン	218	鉄	2750

☑ **2｜純粋な物質の融点**

(1) **融点**… 固体がとけて**液体**になるときの温度。

(2) **純粋な物質の融点**… 固体全体が液体に変化するまで融点は**一定**。

ミス注意

同じように加熱したとき，**質量が小さい方が融点まで達する時間が短くなる。**しかし，どの質量でも融点は同じである。

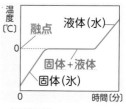

▲水の温度変化

☑ 3 | 混合物の沸点と蒸留

(1) **混合物の沸点** … 一定ではなく, **沸騰中でも温度は変化**する。

(2) **温度変化のグラフ** … 平らになら**ない**。

(3) **蒸留** … 液体を加熱して気体にし, それを**冷やして再び液体にする方法**。

(4) **混合物の蒸留** … 先に沸点の**低い**物質がおもに出てくる。

✍ ミス注意

蒸留の実験では, 火を止めたときの逆流を防ぐため, **ガラス管の先は液の中につけない**。

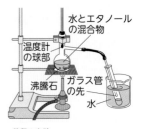

沸騰しはじめる。

エタノールを多くふくむ気体が出てくる。

▲水とエタノールの混合物の温度変化

水とエタノールの混合物

温度計の球部

沸騰石

ガラス管の先

水

▲蒸留の実験

☑ テストの例題チェック

① 液体が沸騰するときの温度を何という？　　　　　　　　　　[沸点]

② 純粋な物質の沸点は一定？　一定でない？　　　　　　　　　[一定]

③ 純粋な物質の沸点は, 物質の種類により決まっている？　決まっていない？

[決まっている]

④ 液体を加熱して沸騰させ, 出てくる気体を冷やして再び液体にする方法を何という？

[蒸留]

⑤ 水とエタノールの混合物を蒸留するとき, 先に多く出てくるのはどちら？

[エタノール]

特集 いろいろな気体の性質

気体名	水素	酸素	二酸化炭素	アンモニア
色や におい	無色 無臭	無色 無臭	無色 無臭	無色 特有の刺激臭
水への とけ方	とけにくい。	とけにくい。	少し とける。	非常に とけやすい。
気体の 集め方	水上置換法	水上置換法	水上置換法 下方置換法	上方置換法
空気と 比べた 密度(重さ)	非常に 小さい (軽い)	少し 大きい (重い)	大きい (重い)	小さい (軽い)
その他の 性質や 発生方法	・燃えやすい。 ・音をたてて 燃えて，水 ができる。 ・亜鉛＋うすい 塩酸で発生。	・ものを燃や すはたらき がある。 ・うすい過酸 化水素水 （オキシドー ル）＋二酸 化マンガン で発生。	・石灰水を白く にごらせる。 ・水溶液は酸 性。 ・石灰石＋塩 酸で発生。	・有毒 ・水溶液はア ルカリ性。 ・塩化アンモ ニウム＋水 酸化カルシ ウムを加熱 すると発生。

窒素	塩化水素	塩素	硫化水素
無色 無臭	無色 特有の刺激臭	黄緑色 特有の刺激臭	無色 腐卵臭
とけにくい。	非常に とけやすい。	とけやすい。	とけやすい。
水上置換法	下方置換法	下方置換法	下方置換法
ほぼ同じ	大きい (重い)	大きい (重い)	少し 大きい (重い)
・化学的に安定。 ・空気の体積の 　78％	・有毒 ・水溶液は塩酸 　で，酸性。	・有毒 ・脱色作用 ・殺菌作用 ・水溶液は酸性。	・有毒 ・火山ガスの成分 　の１つ。 ・卵が腐ったよう 　なにおいがす 　る。

テスト直前 最終チェック！

☑ 1 │ いろいろな物質

● **物質** … ものをつくっている材料・材質。

● **有機物** … 炭素をふくむ物質。 **例** 砂糖，プラスチック

● **無機物** … 有機物以外の物質。 **例** 金属，水，食塩，ガラス，酸素

● **密度** … 物質1 cm³ あたりの質量。

$$密度〔g/cm^3〕= \frac{質量〔g〕}{体積〔cm^3〕}$$

●金属の性質…①金属光沢がある。
②たたくと広がる（展性）。
③引っ張るとのびる（延性）。
④電気や熱を伝えやすい。

☑ 2 │ 気体の性質

● **水にとける気体**

◎よくとける

➡ **アンモニア，塩化水素**

◎少しとける ➡ **二酸化炭素**

● **酸素の確認**

➡ 火のついた線香が**炎を上げて燃える。**

● **水素の確認**

➡ マッチの火を近づけると，**音がして燃える。**

● **二酸化炭素の確認**

➡ **石灰水**に通すと**白くにごる。**

● **気体の集め方**

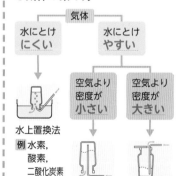

▶ 2章　身のまわりの物質

☑ 3 │ 水溶液

水溶液

溶媒(水)
溶質(食塩)

溶液
(食塩水)

質量パーセント濃度

質量パーセント濃度〔%〕

$$= \frac{溶質の質量〔g〕}{溶液の質量〔g〕} \times 100$$

$$= \frac{溶質の質量〔g〕}{溶媒の質量〔g〕+溶質の質量〔g〕} \times 100$$

溶解度 … 100gの水にとける物質の**限度の質量**。
①**飽和水溶液** … 物質が溶解度までとけた水溶液。
②**再結晶** … 一度とかした物質を**再び結晶**としてとり出すこと。

☑ 4 │ 状態変化

状態変化 … 体積は変化。

質量は変化しない。

沸点 … 液体が沸騰して

気体に変化する温度。

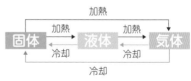

融点 … 固体がとけて液体に変化する温度。
◎**純粋な物質** … 沸点，融点は，**質量**に関係なく**一定**。

◎**混合物** … 沸点，融点は，決まった温度にならない。

蒸留 … 液体を加熱して気体にし，それを再び液体にする方法。

23 光の進み方

☑ 1 | 光の性質

(1) **光の進み方** … 光は物質中を**直進**する。

(2) **ものの見え方** … 光源から出た光が，

①**直接目に届く**とき。

②光が**物体**の表面ではね返り，その光が

目に届くとき。

▲ものの見え方の例

(3) **白色光** … 太陽の光のように，複数の色の光が混ざり合って白

く見える光。

(4) **可視光線** … 目に見える光。白色光，色のついた光。

(5) **物体の色が見えるしくみ** … 物体が**ある色の光を強くはね返す**と，

物体がその色に見える。

くわしく

光源 … 蛍光灯や電球のように，**光を出すもの**。

☑ 2 | 光の反射

(1) **光の反射** … 右図のように光が鏡などで

反射した（はね返った）とき，

Aの角 ➡ **入射角**。

Bの角 ➡ **反射角**。

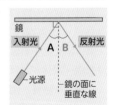

(2) **光の反射の法則** … 右図のとき，

入射角＝反射角

(3) **乱反射** … 物体の表面にある無数の凸凹のため，物体に光が当

たるといろいろな方向に光が反射すること。

テストでは まずは光に関する基本的な用語をおさえておこう。鏡に全身の姿を映す場合に必要な鏡の大きさは，その理由もしっかりつかんでおこう。

☑ 3 | 鏡による反射

(1) 鏡で反射した光の進み方

… 鏡の面に対して**対称な位置**から出たように進む。

(2) 全身を映す鏡

… その人の**身長の 2 分の 1**の高さ（大きさ）があれば，全身を映して見ることができる。

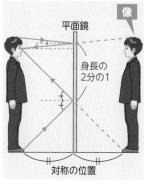

像

平面鏡

身長の2分の1

対称の位置

▲鏡で見える像

くわしく

像 … 鏡の中にあるように見えている物体の姿。

ミス注意

実際には，物体から出た光は，鏡の表面で反射しているが，まるで**像から光が出たかのように見える**。

📝 テ ス ト の 例 題 チ ェ ッ ク

① 光は空気中をどのように進む？ 　　　　　　　　　　　　　　　[直進する]

② 光が鏡で反射するとき，何という角と何という角の大きさが等しい？

　　　　　　　　　　　[入射角（反射角）] と [反射角（入射角）]

③ ②の法則を光の何という？ 　　　　　　　　　　　　　　　[反射の法則]

④ 鏡で反射した光は，鏡の面に対してどのような位置から出たように見える？

　　　　　　　　　　　　　　　　　　　　　　　　　　　[対称の位置]

⑤ 身長 140 cm の人が全身を映して見るためには，少なくとも高さ何 cm の鏡が必要？ 　　　　　　　　　　　　　　　　　　　　　　　　[70 cm]

24 光の屈折・全反射

☑ 1│透明な物体に当たった光の進み方

(1)**光の屈折**…光が,空気と水やガラスなどの**異なる物質**との間
を進むとき,境界面で,光が**折れ曲がって進む現象**。

(2)**入射角と屈折角**…右図のように
光が折れ曲がって進むとき,

AとC ➡ **入射角**

BとD ➡ **屈折角**

▲光の屈折

✦ ミス注意

右図のように,光が透明な物質の境界面に垂直に
入射するときは,屈折しないで**直進する**。

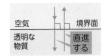

☑ 2│光の屈折のきまり

(1)**空気中から**水やガラスに光が**入射**
するとき,

入射角＞屈折角

(2)水やガラスから光が**空気中へ出て**
いくとき,

入射角＜屈折角

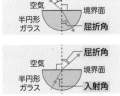

✦ くわしく

カップの底に置いたコインが,水を注ぐと見えるよう
になる。これは,コインから届く光が,**境界面で屈折**
し,**浮き上がって見える**ためである。

☑ **3｜全反射**

(1) **全反射** … 光が物体の**境界面**ですべて反射する現象。

(2) **全反射が起こる条件** … 入射角がある角度より**大きく**なると，全反射が起こる。

(3) **光ファイバー** … **全反射**を利用して，光を伝える。
<u>└ 細いガラスの線</u>

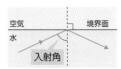

▲水面での全反射

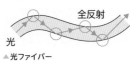

▲光ファイバー

😣 ミス注意

全反射は，光が水やガラスから空気中へ進むときに起こる。空気中から水やガラスへ進むときは起こらない。

😀 くわしく

水そう内の金魚がもう1ぴき見えることがある。これは光が**水面で全反射**するためである。

📝 テストの例題チェック

① 光が空気中から水面にななめに入射するとどうなる？　　　[屈折する]

② 右図で，入射角はA，Bのどちら？　　　[A]

③ 右図で，Cの角を何という？　　　[屈折角]

④ 空気中から半円形ガラスの平らな面に光がななめに当たるとき，入射角と屈折角のどちらが大きい？

[入射角]

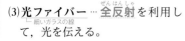

⑤ 曲がった光ファイバーの先から光が出てくるのは，光の何という現象を利用しているから？　　　[全反射]

25 凸レンズの性質

☑ 1 凸レンズのきまり

(1) **凸_{とつ}レンズ** … 中央部がまわりよりも**厚い**レンズ。

(2) **焦点_{しょうてん}** … 光軸に**平行**な光を当てたとき，
光が集まる点。

(3) **焦点距離_{しょうてんきょり}** … 凸レンズの中心から**焦点**
までの距離。

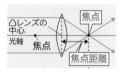

▲焦点と焦点距離

✦ くわしく

光軸…凸レンズの中心を
通りレンズの表面に垂
直な直線。

✦ ミス注意

焦点は，凸レンズの**両側**にある。また，凸
レンズが厚いほど，**焦点距離は短い**。

☑ 2 実像

(1) **実像_{じつぞう}** … スクリーンに映すことが**できる**像。

(2) **凸レンズでできる実像**
… 物体と上下左右が**逆向き**
の像。

(3) **凸レンズを通る光の進み方**
… 光軸に平行な光は，凸レ
ンズで屈折後，**焦点**を通る。

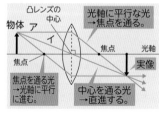

光軸に平行な光
→焦点を通る。

焦点を通る光
→光軸に平行に進む。

中心を通る光
→直進する。

▲凸レンズを通る光の進み方

✦ くわしく

作図で使いやすい光の道すじ … 上図で，アとイの光の道すじを使うと像の
位置を作図しやすい。

> **テストでは** 凸レンズを通る光の進み方は頻出。凸レンズによる像を作図できるように
> しておこう。凸レンズでできる実像と虚像のちがいもつかんでおこう。

☑ 3 | 虚像

(1) 虚像…物体のないところから光が出ているように見える像。

(2) **虚像の性質**

　　… 光が集まってできた像で

　　はないため，スクリーンに

　　映すことは**できない**。

(3) **凸レンズでできる虚像**

　　… **物体が焦点と凸レンズの**

　　間にあるとき見える虚像は，

　　物体と**向きは**同じで物体よりも**大きい**。

▲ 虚像のでき方

暗記術

虚像ができるとき

→ 商店内に大きな巨象

（物体が焦点の内側にあるとき，物体より
　大きな虚像ができる。）

✎ テストの例題チェック

① 右図のA点を何という？　　　　　　　　　　[焦点]

② 凸レンズの焦点距離とは，焦点からどこまでの距離？

　　　　　　　　　　　　　　　　　　[凸レンズの中心]

③ 右図のB点を通った光はどう進む？　　[直進する]

④ 凸レンズでできる，スクリーンに映る像を何という？　　　　　　　[実像]

⑤ スクリーンには映らず，凸レンズを通して見える像を何という？　　[虚像]

26 凸レンズによる像

1 物体より小さい実像ができるとき

(1) **物体の位置** … **焦点距離の2倍の位置**より<u>外</u>側。

(2) **像の向き** … 上下も<u>左右</u>も<u>逆向き</u>。
  └ 倒立

(3) **像の大きさ** … できる像は実際の物体より<u>小さい</u>。

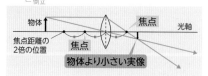

くわしく

物体が焦点距離の2倍の位置にあるとき、焦点距離の2倍の位置に、**物体と同じ大きさの実像**ができる。

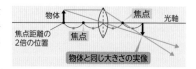

2 物体より大きい実像ができるとき

(1) **物体の位置** … 焦点と焦点距離の2倍の位置の<u>間</u>。

(2) **像の向き** … 上下も左右も<u>逆向き</u>。

(3) **像の大きさ** … できる像は物体より<u>大きい</u>。

(4) **像の位置** … 物体を焦点に近づけると、<u>遠く</u>なる。

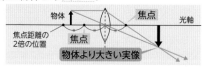

くわしく

物体を焦点の外側から焦点に近づけると、**できる像は大きく**なり、実像が映る**スクリーンの位置は遠く**なる。

☑ **3│物体より大きい虚像ができるとき**

(1)物体の位置 … 焦点の**内**側。

(2)像の向き … 物体の向きと**同じ**。
（正立）

(3)像の大きさ … 物体より**大きい**。

(4)像の位置 … 物体を
レンズに近づける
と、虚像の大きさは
実物に近づく。

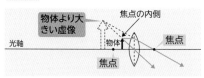

🖊 ミス注意

物体が焦点の上にあるときは、**像はできない**。これは、物体から出た光が右図のように平行に進み、**交わらない**からである。

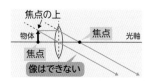

📝 テストの例題チェック

① 物体が焦点距離の2倍の位置より外側にあるとき、できる像と物体はどちらが大きい？　　　　　　　　　　　[物体]

② 図Ⓐで、できる像と物体はどちらが大きい？
　　　　　　　　　　　　　　　　　　[像]

③ 図Ⓑで、見える像が大きいのは、ア、イのどちらか？　　　　　　　　　　　[ア]

④ 物体が焦点の上にあるとき、像はできる？
　　　　　　　　　　　　　　　[できない]

27 音の伝わり方

1 | 音を伝える物体

(1) **音** … 音が出ている物体は**振動**している。

(2) **音を伝えるもの** … 空気のような**気体**や，水のような液体，金属のような**固体**の中を音は伝わる。

(3) 音を伝える物体がないと音は**伝わらない**。

くわしく

右図のように，容器の中の空気をぬいていくと，ブザーの音がほとんど聞こえなくなる。このことから，音の振動を空気が伝えているとわかる。

2 | 音の伝わり方

(1) **波** … 物体の振動が次々と伝わる現象。

(2) **空気中を伝わる音の波** … 空気が**濃く**なったり，**うすく**なったりして，音の波が伝わる。

(3) **音が聞こえているとき**
… 空気の振動が耳に伝わり，**鼓膜**を振動させている。

▲音の波の伝わり方

くわしく

音源 … 音の出ているおんさのように，音を出す物体。

> **テストでは** 打ち上げ花火やこだまなどの音の伝わる速さがよく出る。音の速さや距離などを公式を使って求められるようにしておこう。

☑ **3 | 音の伝わる速さ**

(1) **光と音の速さ** … 伝わる速さは，**音より光の方が速い**。

(2) **音の速さ** … 空気中を**秒速約340 m**（**340 m/s**）の速さで伝わる。

$$音の速さ〔m/s〕= \frac{音が伝わる距離〔m〕}{音が伝わる時間〔s〕}$$

(3) **音の速さをはかる方法** … 右図のように，**打ち上げ花火が見えてから，音が聞こえるまでの時間**をはかって計算する。

（距離は地図などで調べる。）

花火

ストップ
ウォッチ

▲ 音の速さの調べ方

例 Aさんは，花火が上がったのを見てから4.5秒後に「ドーン」という音を聞いた。Aさんのところから花火が打ち上げられた場所までの距離が1530 mのとき，音が空気中を伝わる速さは何m/sと求められる？

➡ 1530 m ÷ 4.5 s = 340 m/s　　　　　　　**答　340 m/s**

📝 テ ス ト の 例 題 チ ェ ッ ク

① 音が出ている物体はどんな状態？　　　　　　　　　　　　[振動している]

② ふつう，おんさやベルの音を伝えるものは何？　　　　　　　　　　[空気]

③ 水中でベルを鳴らしたとき，ベルの音は聞こえる？　　　　　　　[聞こえる]

④ 振動が次々と空気などの物体を伝わる現象を何という？　　　　　　　[波]

⑤ 花火が見えてから音が聞こえるまでに5秒間かかった。音の速さを約340 m/sとすると，花火までの距離は約何m？　　[（340 m/s × 5 s =）1700 m]

28 音の大きさと高さ

☑ 1 | 音の大きさ

(1) **振幅**…音源の**振動**の幅。

(2) **音の大小**…**振幅**の大小によって決まる。

(3) **大きな音**…振幅が**大きい**。

(4) **小さな音**…振幅が**小さい**。

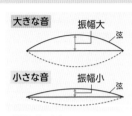

▲振幅と音の大小

ミス注意

振幅は，上図のように静止状態の位置を基準にして求めることに注意。右図のように，静止状態を基準にしない考え方はまちがい。

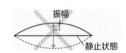

☑ 2 | 音の高さ

(1) **振動数**…音源が 1 秒間に振動する回数。単位はヘルツ（**Hz**）。

(2) **音の高低**…**振動数**の多い・少ないによって決まる。

(3) **高い音**…振動数が**多い**。

(4) **低い音**…振動数が**少ない**。

高い音　振動数が多い。

低い音　振動数が少ない。

▲モノコードの弦の振動と音の高低

ミス注意

高い音を出すためには振動数を多くすればよい。弦楽器やモノコードでは，
　①弦の長さを短くする　②弦の太さを細くする　③弦を強く張る
などの方法で高い音を出すことができる。

☑ 3 | 音の振動のようす

(1) **オシロスコープ** … 音の大小，高低を<u>波</u>の形で表す装置。

(2) **音の大小・高低** … <u>波</u>の高低と<u>数</u>で表される。

(3) **音の大小** … 大きい音ほど，波の山が<u>高い</u>。

(4) **音の高低** … 高い音ほど，一定時間の波の<u>数</u>が多い。

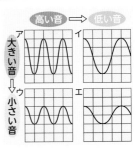

ミス注意

右図のように，波の高さ（振幅）は振動の中心から波の山までの距離。波の数（振動の数）は，波の1つの山から次の山，または谷から次の谷までを1回の振動として数える。

✏ テストの例題チェック

① 音源の振動の幅を何という？ 　　　　　　　　　　　　　　　　[振幅]

② 音の大小は何によって決まる？ 　　　　　　　　　　　　　[振幅の大小]

③ 同じ音源の大きい音と小さい音では，振幅が大きいのはどちら？

　　　　　　　　　　　　　　　　　　　　　　　　　　　　　[大きい音]

④ 1秒間に振動する回数を何という？ 　　　　　　　　　　　　　[振動数]

⑤ 振動数が少ないとき，出る音は高い音？ 低い音？ 　　　　　　[低い音]

⑥ 3 の図ア〜エで，最も小さくて低い音はどれ？ 　　　　　　　　　[エ]

29 力のはたらき

1 力のはたらき

(1)物体の**形**を変える。

▶変形したり，こわれたりする。

(2)物体の**運動**のようすを変える。

▶速さや運動の**向き**が変わる。

(3)物体を**支える**。

▶重量あげなどで，物体（バーベル）を
持ち上げる場合も同じ。

ボールを打つ。

ボールの運動の
ようすが変わる。

くわしく

力がはたらいているときには必ず，力を加えている物体と，その力を受けて
いる物体がある。

2 ふれ合ってはたらく力

(1)**弾性力（弾性の力）**… 力が加わって変形
した物体が，**もとの形にもどろうとして**
生じる力。

例 ばね，ゴムひも

(2)**摩擦力（摩擦の力）**… 物体と，ふれ合っ
ている面との間にはたらく，**物体の運動**
をさまたげる力。

(3)**垂直抗力**… 面に接している物体にはたらく，面に垂直な力。

弾性力

手が
ばねを
引く力

▲弾性力の例

☑ 3 | 離れていてもはたらく力

(1) **磁力（磁石の力）**…同じ極の間では**反発する力**，異なる極の
間では**引き合う力**がはたらく。

(2) **電気力（電気の力）**…摩擦などによって
電気がたまった物体に生じる力。

例 セーターで下じきをこすると下じきに電
気がたまり，紙や水を引きつける。

(3) **重力**…**地球**が中心に向かって引く力。

• 地球上のすべての物体に常に下向きには
たらいている。

• 地面から離れていてもはたらく。

▲反発する力で空中に浮
く磁石 ©アーテファクトリー

磁石

くわしく

磁石に鉄くぎが引きつけられているとき，鉄くぎは一時的に磁石になり，異
なる極どうしで引き合っている。

✍ テ ス ト の 例 題 チ ェ ッ ク

① 物体を持ち上げるとき，物体には何がはたらいている？ 　　　　　[力]

② 変形した物体がもとの形にもどろうとすることによってはたらく力を何とい
う？ 　　　　　[弾性力]

③ 離れていてもはたらく力は，摩擦力と磁力のどちら？ 　　　　　[磁力]

④ 地球が物体を地球の中心方向に引く力を何という？ 　　　　　[重力]

⑤ 机の上に置いてある本に，重力以外にはたらいている力を何という？

　　　　　[垂直抗力]

30 力の表し方

☑ 1│力の大きさ

(1)**力の大きさ** … 単位は**ニュートン**（記号 **N**）。

(2) **1 N** … 地球上で，約**100 g** の物体にはたらく**重力**の大きさ（重さ）に等しい。

> **ミス注意**
>
> 地上で約 100 g の物体にはたらく重力が 1 N である。このことから，地上で約 1 kg の物体にはたらく重力は，$1 N \times \dfrac{1000\ g}{100\ g} = 10\ N$

☑ 2│力の大きさとばねののび

(1)**フックの法則** … ばねののびは，**加えた力の大きさに比例**する。

> **ミス注意**
>
> 加えた力の大きさに比例するのはばねののびであって，**ばね全体の長さではない**ことに注意！ また，ばねの種類によって，のび方は異なる。

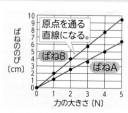

▲力の大きさとばねののびとの関係

▶ばねののびが同じとき，おもりにはたらく重力と引っ張る手の力の大きさは**等しい**。

(2)**ばねばかり** … フックの法則を利
（ニュートンばねばかり）
用して，力の大きさを調べる器具。

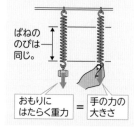

| おもりにはたらく重力 | ＝ | 手の力の大きさ |

テストでは 力を矢印で表す問題がよく出るので，図示のしかたをしっかりつかんでおこう。力の大きさとばねののびの計算問題も必出。

☑ 3 力の表し方

(1) **力の3要素** … 力のはたらきは，**作用点**，力の**大きさ**，力の**向き**によって決まる。

(2) **力の図示** … 力は**矢印**で表す。

力の大きさ … 矢印の**長さ**。

力の向き … 矢印の**向き**。

作用点 … 矢印の**もと**。
└── 力がはたらく点

▲ 力の矢印

ミス注意

1つの図の中にいくつかの力をかくときは，右図のように矢印の長さを力の大きさに比例させる。

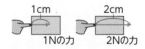

くわしく

物体にはたらく重力は，物体の各部分にそれぞれはたらくが，物体の中心から下向きに1つの矢印で代表させてかく。

重力

🖉 テ ス ト の 例 題 チ ェ ッ ク

① 力の単位は何？　　　　　　　　　　　　　　　　　[ニュートン（N）]

② ばねののびは，ばねに加えた力の大きさに比例することを何の法則という？
　　　　　　　　　　　　　　　　　　　　　　　　　[フックの法則]

③ 0.3 N で 2 cm のびるばねに，1.2 N のおもりをつるしたときのばねののびは何 cm？　　　　　　　　　$\left[\left(2\,\text{cm} \times \dfrac{1.2\,\text{N}}{0.3\,\text{N}} = \right) 8\,\text{cm} \right]$

④ 1 N の力を長さ 1 cm の矢印で表すとき，2 N の力の矢印は何 cm の長さにすればよい？　　　　　　　　　　　　　　　　　　　　　[2 cm]

31 重力と質量

☑ 1│重力

(1) **重力**…地球が，その中心に向かって，物体を**引く力**。
(引っ張る)

(2) **場所と重力**…地球上のどこでも重力ははたらく。地面から離れていてもはたらく。

🏛 (3) **重力を測定する器具**…**ばねばかり**など。
(ニュートンばねばかり)

(4) **重力の単位**…**ニュートン**（記号 **N**）

(5) **重力の向き**…鉛直方向という。

鉛直方向

❖ くわしく

重さ…物体にはたらく重力の大きさ。地球上のすべての物体には重力がはたらいている。

☑ 2│質量

(1) **質量**…物体（物質）そのものの量。物体の状態や温度，**場所**などが変わっても質量は変わらない。

🏛 (2) **質量を測定する器具**…**上皿てんびん**など。

(3) **質量の単位**…**グラム**（記号 **g**），**キログラム**（記号 **kg**）など。

❖ ミス注意

質量と**重さ**には，右のようなちがいがある。混同しないようにしよう。

質量	物体そのものの量	場所によって変わらない。	単位 g，kg
重さ	重力の大きさ	場所によって変わる。	単位 N

テストでは ばねばかりではかれるものと上皿てんびんではかれるもののちがいがよく出る。月面上での重力や質量もおさえておこう。

☑ 3 月面上での質量と重力

(1)月面上での重力…地球上の重力の大きさの約 $\frac{1}{6}$。

(2)月面上での重さ…地球上で 1 N の重さの物体をばねばかりではかると，約 $\frac{1}{6}$ N になる。

(3)月面上での質量…地球上で 100 g の物体を上皿てんびんではかると，100 g になる。

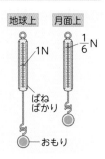

地球上　　月面上

1N　　　$\frac{1}{6}$N

ばねばかり

おもり

ミス注意

100 g の物体を上皿てんびんではかると，地球上でも月面上でも同じ100 g になる。これは，月面上では，物体にはたらく重力も，分銅にはたらく重力も，どちらも地球上の約 $\frac{1}{6}$ になるからである。

物体　　分銅

▲上皿てんびん

📝 テストの例題チェック

① 重力は場所によって変わる？　　　　　　　　　　　　　[変わる]

② 重力を測定するのに適しているのは，ばねばかりと上皿てんびんのどちら？

[ばねばかり]

③ 重力の単位は？　　　　　　　　　　　　　[ニュートン（N）]

④ 質量は場所によって変わる？　　　　　　　　　　　[変わらない]

⑤ 180 g の鉄のおもりを，月面上で上皿てんびんではかると何 g になる？

[180 g]

32 2力のつり合い

☑ 1 | 2力のつり合い

(1) 1つの物体に2つの力が
はたらいていて物体が静
止しているとき，2つの力
はつり合っている。

▲ 2力のつり合い

(2) 2つの力がつり合ってい
るとき，

> ① 2つの力は，**大きさが等しい。**
> ② 2つの力は，**一直線上にある。**
> ③ 2つの力は，**向きが逆向きである。**

▶① ～ ③のうち，1
つでも成り立たな
いと，力はつり合
わない。

☑ 2 | いろいろな力のつり合い

(1) **机の上に置いた物体が動かないとき**
… 物体には面から**垂直抗力**が，**面に垂直
な向き**にはたらく。

> ▶机の上に置いた本には，上向きに**垂直抗
力**がはたらき，**重力**とつり合う。

▲机の上の本にはたらく垂直抗力

(2) **面の上にある物体を引いても動かないとき**
… 物体を引く力と物体にはたらく**摩擦力
（摩擦の力）** がつり合っている。

☑ 3 | その他の力のつり合い

(1)ばねばかりにつるされた物体

… おもりにはたらく**重力**と，おもりを引くばねの**弾性力（弾性の力）**がつり合う。

▶ **ばねばかり**は，この2力のつり合いを利用して物体の重さ（物体にはたらく**重力の大きさ**）をはかる。

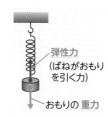

弾性力
（ばねがおもり
を引く力）

おもりの **重力**

(2)手で支えられた物体

… 手が物体を**支える力**と，物体にはたらく**重力**がつり合う。

例 物体の重さが2Nのとき，手が物体を支える力の大きさは **2** Nである。

手が支える力
2N

力の大きさは
同じ

重力 → 2N

(3)右図のように，厚紙の端をばねばかりで引いて静止させる。

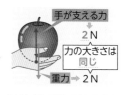

▶ ばねばかりは**一直線上**に並び，示す目盛りは**等しい**。

📝 テストの例題チェック

① 2力がつり合っているとき，それぞれの大きさは？　　　　　　[等しい]

② 2力がつり合っているとき，その向きは？　　　　　[逆向き（反対）]

③ 2力がつり合っているとき，一直線上にある？　ない？　　　　[ある]

④ 重さが1Nの物体を糸につるしたとき，糸が物体を引く力は何N？　[1N]

⑤ 机の上の重さ3Nの物体に加わる垂直抗力の大きさは？　　　[3N]

⑥ 床の上の物体を2Nの力で引いたが動かない。摩擦力の大きさは？　[2N]

✓ 1 | 光の性質

● 光の**反射**の法則 … **入射角＝反射角**

● 鏡の**像** … 鏡の面に対し物体と**対称**
な位置。

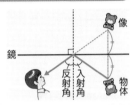

● **屈折** … 異なる物質の境界面で，光
の道すじが折れ曲がる現象。

　空気 ➡ 水やガラス … **入射角＞屈折角**

　水やガラス ➡ 空気 … **入射角＜屈折角**

右図で，A＞B，C＜D

● **全反射** … 光が屈折せず，境界面ですべて
反射する現象。

● **焦点** … 凸レンズの**光軸**に平行に入る光が
集まる点。レンズの前後にある。

● **実像** … 光が集まってできる像。
物体とは上下左右が**逆**向き。

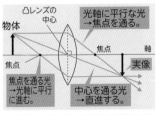

焦点距離の2倍の位置→物体と像は同じ大きさ

● **虚像** … レンズを通して見える
像。物体と上下左右が**同じ**向き。

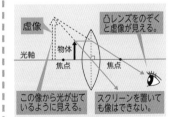

3章　身のまわりの現象

☑ 2 音の性質

● 音源…振動して音を出している物体。音源
の振動が空気や物体中を波として伝わる。

● 振幅…振動の振れ幅。音の大きさに関係
する。例 振幅が大きい。➡ 音が大きい。

● 振動数…音源が1秒間あたりに振動する
回数。単位はヘルツ（Hz）
音の高さに関係する。例 振動数が多い。➡ 音が高い。

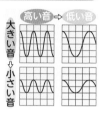

高い音⇒低い音

大きい音⇒小さい音

☑ 3 力のはたらき

● フックの法則…ばねののびは加えた力の大きさに比例する。
● 摩擦力…ふれ合った物体の間ではたらく，動きをさまたげる力。
● 重力…地球が物体を地球の中心に向かって引く力。
● 垂直抗力…物体の面に垂直に加わる力。

● 力の
図示

大きさ
（矢印の長さ）

作用点
（矢印のもと）

向き
（矢印の向き）

● 力の単位…ニュートン（N）
1N ➡ 約100gの物体に
はたらく重力の大きさ。

● 2力がつり合う条件
①大きさが等しい
②一直線上　③逆向き

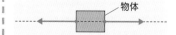

物体

● 質量と重さ

質量	物体そのものの量	場所によって変わらない。	単位 g, kg
重さ	重力の大きさ	場所によって変わる。	単位 N

83

33 火山とマグマ

☑ 1 マグマと火山の噴火

(1) **マグマ** … 地下にある岩石の一部が
高温のためにとけた物質。

(2) **火山の噴火のしくみ**

①地下の**マグマ**が上昇。

②マグマにとけていた**気体成分**が気
泡となり，マグマの体積が増加す
る。

③気泡が**火山ガス**となり，マグマと
ともに，地表にふき出す。

プレート

マグマだまり

岩石の一部が
とけている。

☑ 2 火山噴出物

(1) **火山噴出物** … 噴火のときにふき出される，**マグマがもとにな**
ってできたもの。

(2) **溶岩** … 噴出するときは，**高温で**
液体状。 やがて**冷えて固まる。**

冷えて固まったものも溶岩という。

(3) **火山ガス** … **水蒸気**が主成分。

(4) **火山灰** … 細かい溶岩の破片。

粒の直径が2mm以下。

(5) **火山弾** … ふき出されたマグマが
空中で冷え固まったもの。

風の方向

火山ガス

火山灰

火山弾

火砕流

溶岩流

◆ くわしく

火砕流 … 高温の溶岩や火山ガス，火山灰などが混じったものが，山の斜面
を高速で流れ下る現象。

テストでは 火山の噴出物にはどんなものがあるか，また，マグマのねばりけと火山の
形の関係はよく問われる。

☑ 3│火山の形とマグマの性質

マグマの ねばりけ	強い　　　　　　　　　　　　　　　　　　弱い		
噴火の ようす	激しい　　　　　　　　　　　　　　おだやか		
溶岩や 火山灰の色	白っぽい　　　　　　　　　　　　黒っぽい		
火山の形	盛り上がった形	円すい形	傾斜が ゆるやかな形
火山の例	雲仙普賢岳， 昭和新山	浅間山， 桜島	キラウエア， マウナロア

ミス注意

ねばりけの強いマグマ … 流れにくく，冷え固まると白っぽい岩石になり，
　表面はごつごつしている。

ねばりけの弱いマグマ … 流れやすく，冷え固まると黒っぽい岩石になり，
　表面はなめらか。

✎ テ ス ト の 例 題 チ ェ ッ ク

① 地下にある岩石が，高温で液体状になった物質を何という？　　　[マグマ]

② マグマのねばりけが強いと，火山はどんな形になる？　　[盛り上がった形]

③ 右の図の形の火山は，マグマのねばりけが
　強い？　弱い？　　　　　　　　　　　[弱い]

34 火成岩の特徴

☑ 1 | 火成岩

(1) **火成岩** … **マグマが冷え固まってできた**
  岩石。

  ① マグマが**地表**や**地表付近で急に冷えて**
    できた岩石 ➡ 火山岩

  ② マグマが**地下の深いところでゆっくり**
    冷えてできた岩石 ➡ 深成岩

(2) **火山岩のつくり** … **石基**の中に**斑晶**が散ら
  ばっている**斑状組織**。

  ① **石基** … 非常に小さい鉱物やガラス質
    の部分。
    └ p.88

  ② **斑晶** … 大きな鉱物の部分。

(3) **深成岩のつくり** … ほぼ同じ大きさの鉱物
  が組み合わさっている**等粒状組織**。

(4) **火成岩の色** … ふくまれる鉱物の種類と
  割合で決まる。

▲ 火成岩ができる場所

▲ 火山岩のつくり

▲ 深成岩のつくり

 くわしく

斑晶は，比較的高温で結晶化しやすい成分だけが，地
下深くにあるうちに成長して大きな鉱物の粒になった
もの。

石基は，マグマが急に冷えたために，十分に成長でき
なかった成分の部分である。

4章

☑ 2 | 火成岩のでき方のちがい

(1) **火山岩** … 斑晶のまわりを石基がうめていく。

(2) **深成岩** … それぞれの鉱物が，**ゆっくり**と大きく成長していく。

火山岩	深成岩
急に冷え固まってできる。	長い時間をかけて，ゆっくり冷え固まってできる。

地下　地表，または地表近く

地下　地下　地下

☑ 3 | おもな火成岩

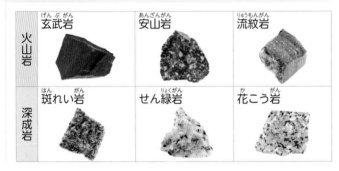

	玄武岩（げんぶがん）	安山岩（あんざんがん）	流紋岩（りゅうもんがん）
火山岩			
	斑れい岩（はんれいがん）	せん緑岩（りょくがん）	花こう岩（かこうがん）
深成岩			

📝 テ ス ト の 例 題 チ ェ ッ ク

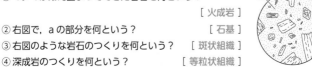

① マグマが冷え固まってできた岩石を何という？
　　　　　　　　　　　　　　　　　　　[火成岩]

② 右図で，aの部分を何という？　　　　　[石基]

③ 右図のような岩石のつくりを何という？　[斑状組織]

④ 深成岩のつくりを何という？　　　　　　[等粒状組織]

a

35 火成岩をつくる鉱物

☑ 1 火成岩をつくる鉱物

(1) **鉱物** … 火成岩をつくっている粒で，マグマからできた結晶。

(2) **火成岩をつくるおもな鉱物** … 石英，長石，黒雲母，カクセン石，輝石，カンラン石。

▲**カンラン石** ©学研写真資料

☑ 2 おもな鉱物の特徴

鉱物名	有色鉱物				無色鉱物	
	黒雲母	カクセン石	輝石	カンラン石	石英	長石
鉱物						
色	黒色，褐色	暗緑色，黒色	緑色，褐色	黄緑色，褐色	無色，白色	白色，うす桃色
特徴	うすくはがれる。	長い柱状	短い柱状	丸みのある短い柱状	不規則に割れる。	柱状，短冊状

カクセン石，輝石©アフロ

くわしく

磁鉄鉱 … 磁石につく鉱物。黒色で不透明な**有色鉱物**で，表面がかがやいている。

ねばりけが強いマグマが冷え固まった岩石は，**無色鉱物**を多くふくむので白っぽい色になる。ねばりけの弱いマグマが冷え固まった岩石は，**有色鉱物**を多くふくむので黒っぽい色になる。

☑ 3 | 火成岩の色と鉱物

(1) **火成岩の色** … 無色鉱物と有色鉱物のふくまれる割合で決まる。

　　①**白っぽい岩石** … 無色鉱物が多い。

　　②**黒っぽい岩石** … 有色鉱物が多い。

(2) **火成岩の分類**

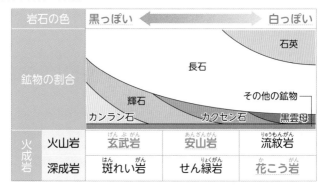

岩石の色		黒っぽい ← → 白っぽい		
鉱物の割合		（石英・長石・輝石・カンラン石・カクセン石・黒雲母・その他の鉱物）		
火成岩	火山岩	玄武岩	安山岩	流紋岩
	深成岩	斑れい岩	せん緑岩	花こう岩

✎ テストの例題チェック

① 火成岩をつくっている，マグマからできた結晶を何という？　　　　[鉱物]

② 無色鉱物には，石英と何がある？　　　　　　　　　　　　　　　[長石]

③ 有色鉱物を多くふくむ火成岩は，どんな色をしている？　　　[黒っぽい色]

④ 黒っぽい色をした火山岩は何？　　　　　　　　　　　　　　　　[玄武岩]

⑤ どの火成岩にもふくまれている鉱物は何？　　　　　　　　　　　[長石]

⑥ 花こう岩にふくまれるおもな鉱物は，黒雲母，長石と何？　　　　[石英]

⑦ せん緑岩と同じ種類の鉱物をふくむ火山岩は何？　　　　　　　　[安山岩]

36 地震の発生と大きさ

☑ 1 | 地震の発生 📤

(1) **震源**（しんげん）… 地下で地震（じしん）が**発生した場所**。

(2) **震央**（しんおう）… 震源の**真上**に位置する**地表の地点**。

(3) **初期微動**（しょきびどう）… はじめの**小さなゆれ**。
P波（ピーは）が届くと起こる。
└ 伝わる速さが速い。

(4) **主要動**（しゅようどう）… 初期微動に続いて起こる**大きなゆれ**。
S波（エスは）が届くと起こる。
└ 伝わる速さが遅い。

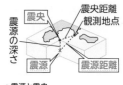
▲震源と震央

❖ くわしく

震源距離（しんげんきょり）… 観測地点から震源までの距離。

震源の深さ … 震源と震央の間の距離。

☑ 2 | 地震計

▶ **ふりこ**の性質を利用して，地震のゆれを記録する。

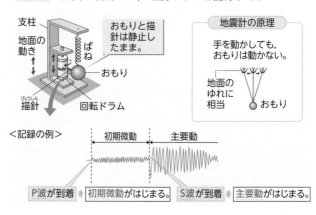

支柱
地面の動き
ばね
おもり
描針（びょうしん）
回転ドラム

おもりと描針は静止したまま。

地震計の原理
手を動かしても，おもりは動かない。
地面のゆれに相当 おもり

＜記録の例＞
初期微動　主要動

P波が到着 ▶ 初期微動がはじまる。　S波が到着 ▶ 主要動がはじまる。

☑ **3｜震度**

(1)<u>震度</u>…地震のときの**ゆれの程度**を表す。

▶ **震度階級**…0 ～ 7（5 と 6 は強・弱の 2 階級ずつ）の**10**階級。

(2)**震度の特徴**

▶ ふつう，震源に近いところほど震度は**大きい**。

▶ 一般に，地盤がやわらかいところほど震度は大きい。

☑ **4｜マグニチュード**

(1)**マグニチュード**…地震そのものの**規模を表す**値。記号は **M**。

(2)**地震のエネルギー**…マグニチュードが 1 大きいと，エネルギーは約**32**倍。

(3)**マグニチュードと震度**…マグニチュードの値が大きい地震ほどゆれが伝わる範囲が**広く**なり，同じ地点でのゆれは**強く**なる。

✐ テ ス ト の 例 題 チ ェ ッ ク

① 地下で地震が発生した場所を何という？　　　　　　　　　　[震源]

② 地震が発生した場所の真上の地表の地点を何という？　　　　[震央]

③ 地震のゆれの程度を何という？　　　　　　　　　　　　　　[震度]

④ 震度は全部で何階級に分けられている？　　　　　　　　　[10階級]

⑤ 震源から遠くなるほど，震度はどうなる？　　　　　　　[小さくなる]

⑥ 地震そのものの規模の大きさは何で表される？　　　[マグニチュード]

⑦ はじめの小さなゆれを何という？　　　　　　　　　　　[初期微動]

⑧ ⑦のゆれに続いて起こる大きなゆれを何という？　　　　　[主要動]

37 地震のゆれ

☑ 1│地震のゆれの伝わる速さ

(1) 地震のゆれの伝わる速さ
- ▶初期微動の伝わる速さ … P 波の速さ。
- ▶主要動の伝わる速さ … S 波の速さ。

(2) 地震の波の速さ〔km/s〕= $\dfrac{\text{震源距離〔km〕}}{\text{伝わるのにかかった時間〔s〕}}$

☑ 2│初期微動継続時間と震源距離

(1) 初期微動継続時間 … 初期微動が続いた時間。
- ▶P 波と S 波の到着時刻の差。

(2) 初期微動継続時間は, 震源距離が長いほど長くなる。
震源距離に比例する

例 地震発生から地震波が到着するまでの時間と震源距離の関係が右下の図①のとき, 震源からの距離が120 km の地点の初期微動継続時間は何秒?

→ 求める時間を t 秒とすると, 80 km では 10 秒なので,
80km : 120km=10s : t s より,
t=15s よって, 15秒。

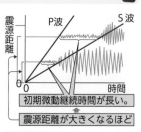

初期微動継続時間が長い。

震源距離が大きくなるほど

▲初期微動継続時間と震源距離の関係

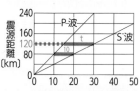

図① 地震波が到着するまでの時間〔s〕

☑ 3│地震のゆれの伝わり方

(1) **地震の発生と伝わり方** … 震源から出た波は，四方八方に伝わる。

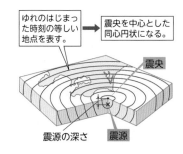

ゆれのはじまった時刻の等しい地点を表す。 → 震央を中心とした同心円状になる。

震央

震源の深さ

震源

(2) **ゆれのはじまる時刻** … ゆれがはじまった時刻の等しい地点を線で結ぶと，**震央を中心とする**同心円状になる。

(3) **緊急地震速報(きんきゅうじしんそくほう)** … 地震が発生した直後に気象庁から発表される，S波が到達する時刻などの情報。震源に最も近い地震計で観測された **P波** を分析(ぶんせき)して予想する。

▶ 震源に近い地点では，緊急地震速報が届く前にS波が到達し，大きなゆれがはじまることが多い。

🖉 テストの例題チェック

① P波とS波の到着時刻の差を何という？

[初期微動継続時間]

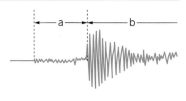

a ← → b

② 右図のa，bのゆれをそれぞれ何という？　a [初期微動]　b [主要動]

③ P波によるゆれは，a，bのどちら？ [a]

④ ゆれはじめの時刻の等しい地点を結ぶとどのようになる？

[（震央を中心とした）同心円状になる]

38 地震の起こる場所としくみ

☑ 1 | プレートとその動き

● **プレート** … 地球の表面をおおう，**十数枚の岩石の層**。

▶プレートは 1 年間に数 cm の速さで移動している。（図の矢印の向き）

▲ 日本付近の 4 つのプレート

☑ 2 | 日本列島付近の地震

(1) **日本付近のプレートの動き** … 2つの **海洋** プレートが **大陸** プレートを引きずりこみながら下に沈みこんでいる。

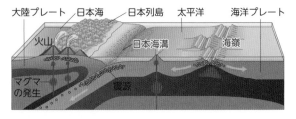

(2) **地震が起こるしくみ**

① プレート内部やプレートの **境界** 付近にひずみがたまる。

② ひずみにたえきれず反発。③ **岩盤の破壊** やずれで地震発生。

◆ くわしく

海嶺 … 海底に見られる大山脈（海底山脈）。プレートができる場所。

海溝 … 海底に見られる，せまく細長い溝状の地形。プレートが沈みこむ場所。

☑ 3 | 地震の起こるしくみ

(1) **内陸型地震**…陸の**活断層**のずれによって起こる。

> ▶**活断層**…過去にくり返しずれ，今後もずれて**地震を起こす可能性のある断層**。

(2) **海溝型地震**…**プレートの境界付近で起こる**地震。規模が大きく，震源が海底にあるため，**津波**が発生することがある。

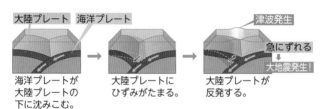

| 大陸プレート 海洋プレート | | 津波発生 |

海洋プレートが大陸プレートの下に沈みこむ。 → 大陸プレートにひずみがたまる。 → 急にずれる 大地震発生！ 大陸プレートが反発する。

> ▶日本列島と太平洋側にある**プレートの境界（日本海溝）に沿って震源が多く分布**しており，震源が太平洋側では**浅く**，日本海側ほど**深く**なる。

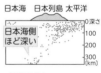

▲震源の分布

✎ テストの例題チェック

① 地球の表面をおおう十数枚の岩石の層を何という？　　　[プレート]

② ①の岩石の板が海底に沈みこむ場所にできる，細長い溝状の地形を何という？
　　　　　　　　　　　　　　　　　　　　　　　　　　　　[海溝]

③ プレートにひずみがたまり，たえきれなくなると起こるのは何？　　[地震]

④ 日本付近の震源の分布は，太平洋側，日本海側のどちらに多い？
　　　　　　　　　　　　　　　　　　　　　　　　　　　[太平洋側]

39 大地の変動と災害

☑ 1 | 大地の変動

(1) **断層**…大きな力がはたらいて，地層が切れて**ずれたもの**。

(2) **隆起**…土地が地震などにより**もち上がる**こと。

(3) **沈降**…土地が地震などにより**沈む**こと。

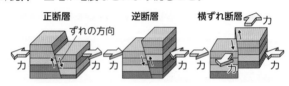

正断層　　　　逆断層　　　　横ずれ断層

ずれの方向

▲ いろいろな断層

(4) **しゅう曲**…地層に力がはたらいて，押し曲げられたもの。

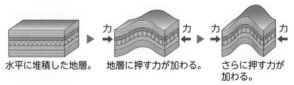

水平に堆積した地層。　地層に押す力が加わる。　さらに押す力が
　　　　　　　　　　　　　　　　　　　　　　加わる。

▲ しゅう曲のでき方

(5) **海岸段丘**…海岸沿いに見られる**階段状の地形**。土地が**隆起**したことでできる。

海水面　　がけ
平らな面

もとの地表面

②で隆起して陸地になった面

段丘面

①波の侵食で平らな面やがけができる。

②隆起して段丘面ができる。

③もとの平らな面は侵食を受ける。

▲ 海岸段丘のでき方

☑ 2 | 地震による災害

(1)**建物の倒壊**…家屋や高速道路が壊れたり、**火災**が発生したりすることがある。

(2)**液状化現象**…泥や砂でできた土地では地震によるゆれで**地面が液体状になる**ことがある。

▲液状化現象

▲がけくずれ
©学研写真資料

(3)がけくずれや落石、地割れ、地すべりなどが起こることがある。

(4)**津波**…**震源が海底の場合**、沿岸地域に高い波が押し寄せる。

☑ 3 | 火山による災害と恵み

(1)**噴石**…噴出した岩石で、建物などが破壊されることがある。

(2)**溶岩流**…火災を起こし、冷えると地形が変わることがある。

(3)**火砕流**…溶岩流よりはるかに**高速で到達範囲が広い**。

(4)**火山灰**…風に運ばれて飛散し、被害が広範囲におよぶ。

(5)**恵み**…近くに**温泉がわく**。美しい景観。**地熱**発電など。

✎ テ ス ト の 例 題 チ ェ ッ ク

① 地層に大きな力がはたらき、地層がずれたものを何という？ 　　　　　[断層]

② 地層に力がはたらいて、押し曲げられたものを何という？ 　　　　　[しゅう曲]

③ 海岸段丘は、土地の隆起と沈降のどちらによってできる？ 　　　　　[隆起]

④ 海底での地震の発生で起こる大きな波を何という？ 　　　　　[津波]

40 地層のでき方

1 地表の変化

(1)**風化**…地表の岩石が気温の変化や風，
雨などの影響でもろくなり，**くずれて
いく現象。**

(2)**侵食**…**流水のはたらきによって，岩石
がけずられること。**

▲風化した岩石
©アーテファクトリー

⚠ ミス注意

岩石は風化や侵食によってくずれて，**れき，砂，泥**などに変わっていく。

2 流水のはたらき

(1)**侵食**…水の流れの速い川の**上流**などでさかん。

(2)**運搬**…水の流れが**速い**ほどさかん。

(3)**堆積**…**下流や河口付近**でさかん。
└── 水の流れがゆるやか

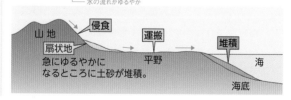

山地 — 侵食
扇状地
急にゆるやかに
なるところに土砂が堆積。
運搬
平野
堆積
海
海底

✦ くわしく

★**V字谷**…川の流れが急な上流で，侵食作用によってできる深い谷。
★**扇状地**…運ばれてきた土砂が堆積してできる扇形の平らな地形。
★**三角州**…水の流れのゆるやかな河口を中心に，土砂が堆積してできる三
角形の平らな土地。

テストでは 風化や流水の３つのはたらきはよく出る。また，地層のでき方もしっかりつかんでおこう。

☑ **3｜地層のでき方**

(1) 流水で運ばれてきた土砂が**海底**に層状に
積み重なり，押し固められて**地層**ができる。

(2) **粒の大きさと河口からの距離**
… 海岸の近くには粒の**大きい**れきや砂，
遠くには粒の小さい**泥**が堆積。

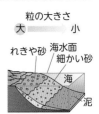

粒の大きさ
大 ■■■■■ 小

れきや砂　海水面
　　　　　細かい砂
海
泥

ミス注意
土地の**隆起**や**沈降**などにより堆積の状態は変化する。

(3) **地層の特徴**
① 地層はほぼ**水平**に広がっている。
② ふつう下の層ほど**古く**，上の層ほど新しい。
③ １つの層の中では粒の**大きさはそろっている**ことが多い。
④ 流水のはたらきによってできた層の粒は，形が**丸み**を帯びている。
⑤ **化石**をふくむことがある。

くわしく
火山灰などが陸上に堆積して，地層になることもある。

✓ テストの例題チェック

① 岩石が表面からくずれていく現象を何という？ ［ 風化 ］

② 流水のはたらきを３つ答えよ。 ［ 侵食 ］ ［ 運搬 ］ ［ 堆積 ］

③ 流水によって運ばれてきたれき・砂・泥などが，海底などに層状に積み重なったものを何という？ ［ 地層 ］

41 地層の観察とつながり

☑ 1│地層の観察

(1) 地層の粒のようすからわかること

①**れきの層** … **海岸近く**で堆積した。

②**砂の層** … 海岸から**少し離れた**場所で

堆積した。

③**泥の層** … 海岸から**遠い沖**で堆積した。

④**火山灰の層** … その層が堆積したころ，

近くで**火山活動**があった。
　└─火山の噴火

⑤**地層の重なり方**

> **例** 下から上に，**泥→砂→れき** … 海底
> の**隆起**または海水面の低下により，海の深さがしだいに**浅**
> くなった。

> **例** 下から上に，**れき→砂→泥** … 海底の**沈降**または海水面の
> **上昇**により，海の深さがしだいに**深く**なった。

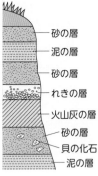

- 砂の層
- 泥の層
- 砂の層
- れきの層
- 火山灰の層
- 砂の層
- 貝の化石
- 泥の層

(2) 地層の変形のようすからわかること

①地層が**左右でずれている**。… 過去に**断層**が生じた。

②地層が**波打つように曲がってい**

る。または，新旧の層が逆転して

いる。

… **しゅう曲**が起こった。

▶曲がり方が大きいと，新旧の層

が逆転する。

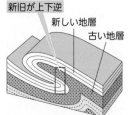

新旧が上下逆

新しい地層

古い地層

✓ 2 | 地層のつながり

(1) **露頭の比較** … 近くのものでは，同じような地層のつながりが
　　└─ 地層が地表に現れたところ
見られることがある。

(2) **柱状図の比較** … **ボーリング調査**により，離れた地点の試料を
　　　　　　　　　　　└─ 大地に穴を掘り，地下の地層の試料をとる。
比較すると，地層の広がりを知ることができる。

① **鍵層** … 広範囲に降り積もる**火山灰の層**や，**特徴的な化石や岩石をふくむ層**など，遠く離れた地層が**同時代にできたことを調べるときの目印となる層**。

② **柱状図** … 地層の重なり方を
模式的に柱状に表したもの。

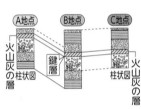

▲柱状図の例

▶ **火山灰**の層などの鍵層となる層に着目する。離れた地点の**柱状図**を，鍵層をもとに比較すると，地層の上下関係や全体のようすなどがわかる。

✎ テストの例題チェック

① 火山灰の層があると，堆積当時に付近で何があったとわかる？　[火山活動]

② 遠く離れた地層を比較するとき，目印となる層を何という？　　[鍵層]

③ 大地に穴を掘り，地下の地層の試料をとる調査方法を何という？

[ボーリング調査]

④ 地層の重なり方を柱状に表したものを何という？　　　　　　[柱状図]

⑤ 地層が波打つように曲がった地形を何という？　　　　　　　[しゅう曲]

42 堆積岩と化石

☑ 1 | 堆積岩

(1) **堆積岩**…堆積物が長い年月をかけて押し固められてできた岩石。

(2) **堆積岩の特徴**

① **粒の形**…流水のはたらきを受けたものは，**丸み**を帯びている。

② **粒の大きさ**…ほぼ**同じ**。

③ **化石**をふくむことがある。

粒が丸い

▲ 堆積岩 (砂岩) のつくり

☑ 2 | 堆積岩の種類

(1) **れき岩**…おもに**れき**が固まってできた岩石。
➡ 粒の直径 **2 mm 以上**

(2) **砂岩**…おもに**砂**が固まってできた岩石。
➡ 粒の直径 **2 ～ 0.06 mm**

(3) **泥岩**…**泥**が固まってできた岩石。
➡ 粒の直径 **0.06 mm 以下**

(4) **凝灰岩**…**火山灰**などの火山噴出物が固まってできた岩石。粒は角ばっている。

(5) **石灰岩**…サンゴなどの生物や海水中の**成分**が固まってできた岩石。主成分は炭酸カルシウムなので，うすい塩酸をかけると，**二酸化炭素**が発生。

(6) **チャート**…**二酸化ケイ素**を主成分とする殻をもつ生物などからできた岩石。とてもかたい。
└ ケイソウなど

▲れき岩

▲砂岩

▲泥岩

☑ **3│化石**

(1)**化石**…地層の中に残された大昔の**生物の死がい**や**生活の跡**（巣穴や足跡など）。

(2)**示相化石**…その化石をふくむ地層が堆積した**当時の環境を知**る手がかりとなる化石。

●**示相化石と推定される生活環境**

> サンゴ➡あたたかく，浅い海　アサリ➡岸に近い浅い海
> シジミ➡湖や河口　ブナ➡温帯でやや寒冷な地域の陸地

(3)**示準化石**…その化石をふくむ**地層が堆積した時代（地質年代）**を知る手がかりとなる化石。

●**示準化石の条件**…①**短い**期間に生存。　②**広い**範囲に生息。

●**地質年代と代表的な示準化石**

古生代	フズリナ，サンヨウチュウ
中生代	アンモナイト，恐竜
新生代	メタセコイア，ビカリア，ナウマンゾウ

📝 **テ ス ト の 例 題 チ ェ ッ ク**

① 流水の作用を受けた堆積岩の粒の形の特徴は？　　　　　[丸みを帯びている]

② れき岩，砂岩，泥岩は何によって区別される？　　　　　　　　[粒の大きさ]

③ 火山灰などが堆積してできた岩石を何という？　　　　　　　　　　[凝灰岩]

④ 地層が堆積した当時の環境を知る手がかりとなる化石を何という？ [示相化石]

⑤ アンモナイトの化石は，どの地質年代の化石？　　　　　　　　　　[中生代]

テスト直前 最終チェック！

☑ 1 火山

● **マグマ** …地下にある岩石の一部が高温のためにとけた物質。

● **火山噴出物** … **火山ガス**，**溶岩**，**火山弾**，**火山灰**など。

● **火山の形とマグマの性質**

強い	マグマのねばりけ	弱い
激しい	噴火のしかた	おだやか
白っぽい	溶岩や火山灰の色	黒っぽい
傾斜が急	円すい形	傾斜がゆるやか

● **火成岩** …マグマが冷えてできた岩石。

◎ **火山岩** …マグマが地表や地表近くで急に冷えてできた。

▶ **斑状組織**
　斑晶 …大きな鉱物。
　石基 …小さな鉱物やガラス質。

石基　斑晶

◎ **深成岩** …マグマが地下深くでゆっくり冷えてできた。

▶ **等粒状組織**
ほぼ同じ大きさの鉱物が組み合わさったつくり。石基がない。

☑ 2 地震

● **震度** …ある地点での**ゆれの程度**を，10階級で表したもの。

● **マグニチュード** …**地震**の**規模**を表す値。

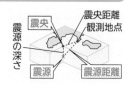

震央　震央距離　観測地点　震源の深さ　震源　震源距離

4章　大地の変化

● **初期微動**…はじめの**小さなゆれ**。
● **主要動**…初期微動に続く**大きなゆれ**。
● **初期微動継続時間**…初期微動が続く
　時間。震源から遠いほど**長い**。
　　　　　　　　震源距離に比例

＜地震計の記録＞

初期微動	主要動
P波が到着	**S波が到着**

● **地震のしくみ**
　①**内陸型地震**…地下の**活
　　断層**が動いて発生。
　②**海溝型地震**…海洋プレ
　　ートが**大陸**プレートを引
　　きずりながら地下に**沈
　　む**。➡ 大陸プレートに**ひずみがたまる**。➡ 反発して地震発生。

大陸プレート　日本海　日本列島
火山　　　　　太平洋
　　　　　　　日本海溝
マグマ
の発生
震源
海洋プレート

● **隆起**…地震などにより土地
　がもち上がること。

● **沈降**…地震などにより土地が
　沈むこと。

● **断層**…地層
　が切れてず
　れること。

ずれの方向
力　力

● **しゅう曲**…地
　層が押し曲げ
　られたもの。

力　力
➡　　➡

☑ 3 地層

● **流水のはたらき**…**侵食**, **運搬**, **堆積** ➡ 地層をつくる。
● **鍵層**…地層の**比較の目印**となる層。　例 火山灰の層
● **堆積岩の例**…れき岩, 砂岩, 泥岩, 凝灰岩, 石灰岩, チャート
● **示相化石**…当時の**環境**を知る。　● **示準化石**…地層の**年代**を知る。

＊学年末テストの対策学習のときなどに活用しましょう。
＊各用語の左の□はチェックらんです。

あ

□ **アンモナイト** … 103 | **中生代**に栄えた軟体動物。示準化石となる。

□ **アンモニア** … 48 | 刺激臭があり，水に非常によくとける。水溶液は**アルカリ**性。

か

□ **海岸段丘** … 96 | 土地が**隆起**してできる，海岸沿いに見られる階段状の地形。

□ **海溝** ……… 94 | **プレート**が沈みこむ場所。

□ **海嶺** ……… 94 | **プレート**ができる場所。

□ **火山岩** ……… 86 | **マグマ**が地表付近で急に冷え固まった岩石。

□ **可視光線** … 62 | 目に**見える**光。白色光，色のついた光。

□ **火成岩** ……… 86 | **マグマ**が冷え固まってできた岩石。

□ **下方置換法** … 45 | 塩化水素など，水にとけ**やすく**，空気より密度が大きい（重い）気体を集める方法。

□ **凝灰岩** ……… 102 | 火山灰などの火山噴出物によってできた**堆積**岩。

□ **虚像** ……… 67 | 物体のないところから光が出ているように見える像。スクリーンに映ら**ない**。

□ **屈折** ……… 64 | 光が異なる物質との間を進むときの境界面で，光が**折れ曲がって**進む現象。

□ **鉱物** ……… 88 | 火成岩をつくる粒で，マグマからできた**結晶**。

□ **合弁花** ……… 14 | **花弁**がくっついている花。

107

□ **溶質** ………… 50 │ 溶液にとけている物質。

□ **溶媒** ………… 50 │ 溶質をとかしている液体。

□ **葉脈** ………… 18 │ 葉に見られるすじ。単子葉類は平行脈。双子
葉類は網状脈。

□ **裸子植物**… 16, 20 │ 子房がなく，胚珠がむき出しの種子植物。

□ **卵生** ………… 26 │ 親が卵を産み，卵から子がかえる生まれ方。

□ **離弁花** ……… 14 │ 花弁が1枚1枚分かれている花。

読者アンケートのお願い

本書に関するアンケートにご協力ください。
右のコードか URL からアクセスし、
以下のアンケート番号を入力してご回答ください。
当事業部に届いたものの中から抽選で年間 200 名様に、
「図書カードネットギフト」500 円分をプレゼントいたします。

Webページ https://ieben.gakken.jp/qr/derunavi/

アンケート番号 305532

定期テスト 出るナビ　中1理科　改訂版

本文デザイン	シン デザイン
編集協力	木村紳一
図　版	株式会社 ケイデザイン, 株式会社 アート工房
写　真	写真そばに記載, 無印：編集部
DTP	株式会社 明昌堂

この本は下記のように環境に配慮して製作しました。
・製版フィルムを使用しないCTP方式で印刷しました。
・環境に配慮して作られた紙を使用しています。
※赤フィルターの材質は「PET」です。